Elsa M. Felsko

Das große Blumenbuch

115 neue Aquarelle

Elsa M. Felsko

Das große Blumenbuch

115 neue Aquarelle

Herbig

Wissenschaftliche Mitarbeit
Professor Dr. Joachim Venter, Tübingen

Schutzumschlaggestaltung: Wolfgang Mehringer, München
unter Verwendung zweier Aquarelle Elsa Felskos
Herstellung: Franz Nellissen, München
Satz: Josef Fink GmbH, München
Reproduktionen: Mediacolor, Verona
Druck und Binden: Mondadori, Verona
Printed in Italy 1980
ISBN: 3-7766-0981-8

Inhalt

Vorwort

Biologisches Erfassen und ästhetisches Schauen schließen einander nicht aus, sondern ergänzen sich und können zu keiner besseren Synthese gelangen als im künstlerischen Gestalten. Blumen malen bedeutet ein Verweilen bei Formen und Farben, ein Festhalten von Proportionen und Farbharmonien und ein Erkennen der Natürlichkeit.
Wird eine chinesische Seidenblume, von denen es heute so viele gibt, nicht um so begehrenswerter, je natürlicher sie gestaltet wurde? Spricht nicht ein Blumenbild um so mehr den Beschauer an, je lebensnaher es die Natürlichkeit der Pflanze wiedergibt? Die Hand des Künstlers bannt die lebende, aber vergängliche Pflanze für ihn und den Beschauer zur ästhetischen Bereicherung.
Aber aus den Pflanzenbildern spricht nicht nur Anmut und Schönheit; die bis ins Detail genau gemalten Bilder ermöglichen auch dem botanisch Interessierten Studien zu treiben, Formen zu erfassen und zu vergleichen.
Die in diesem Blumenbuch enthaltenen Pflanzen stellen in ihrer Auswahl einen Ausschnitt aus der jahrelangen Arbeit der Künstlerin dar. Sie hat die Blumen immer dann gemalt, wenn sie ganz einfach den inneren Drang dazu verspürte. Das konnte zu Hause am Blumenfenster ebenso wie im Garten des Nachbarn oder in den Anlagen einer speziellen Iris-Gärtnerei sein. Häufige Besuche des Botanischen Gartens Berlin inspirierten die Malerin immer wieder zum Schauen und Malen. Hier sind ja Pflanzen aller Erdteile zu finden, angepaßt an die klimatischen Verhältnisse ihrer Heimatgebiete. Ganz besonders boten Reisen in Landschaften mit üppiger Vegetation, so nach Südafrika oder nach Gran Canaria, Gelegenheit, zum Pinsel zu greifen.
Vergessen wir aber nicht, daß Malen nicht nur Muße und Entspannung bedeutet. Fortgang und Vollendung eines Blumenbildes sind oft mit tagelangen Anstrengungen und Konzentration verbunden.
Die Pflanzen dieses Buches sind Vertreter aus 41 Pflanzenfamilien. Unter den Proteusgewächsen und den Orchideen sind zweifellos solche mit den schönsten Blüten zu finden.
Die natürliche Bastardierung vieler Pflanzen hat der Züchter gefördert und bewußt erweitert, um die Vielfalt der Formen und Farben noch erheblich zu vergrößern. So entstanden bei Rosen und Rhododendron schon seit Jahrhunderten, ursprünglich von China und Japan aus, immer wieder neue Sorten. Ganz besonders hat auch die Gattung Iris einen großen Kreis von Züchtern und Liebhabern um sich geschart.
Neben der Freude an Gartenblumen hat auch der Mensch den Zimmerpflanzen immer wieder sein Augenmerk geschenkt und neue Formen durch Auslese und Kreuzung geschaffen. Inzwischen ist die Anzucht solcher Pflanzen so perfektioniert, daß manche von ihnen zur Massenware geworden sind, allerdings ohne Verlust der individuellen Schönheit.
Alle Pflanzen wurden im Laufe ihrer langen Entwicklung den Umweltbedingungen angepaßt. Da gibt es zum Beispiel solche, die in der sonst lebensfeindlichen Wüste zu Wachstum und Entfaltung gelangen. Eine konkurrenzarme Verbreitung kann auch zur Massenvermehrung einer Pflanze führen, wie es bei der Wasserhyazinthe der Fall ist. Wenn auch in Teilen der Welt diese Schwimmpflanze systematisch bekämpft wird, bleibt doch die Anmut ihrer zartblauen Blüten bestehen.
Es gibt auch »Sonderlinge« unter den Pflanzen. So etwa die Kannenpflanzen, die vollendete Fangvorrichtungen besitzen, um ihren Stickstoffbedarf zusätzlich durch Insektennahrung zu befriedigen.
Blüten dienen eigentlich der Erhaltung der Pflanzenart. Blütenbau, Farbe und Geruch schaffen die Voraussetzung für die Anlockung der Insekten oder auch bestimmter Vögel und Fledermäuse für die Bestäubung. Aber ist diese Funktionsbedeutung der Blüte ausreichend für soviel Vielfalt und Schönheit? Es bleibt dahingestellt, ob im Sinne Adolf Portmanns ein solches Organ neben der Erhaltung auch einer Selbstdarstellung des Individuums dient. Jedenfalls würde durch eine enge Zweckdeutung einer Blüte die ästhetische Wirkung, die wir ganz einfach Schönheit nennen, zu wenig berücksichtigt.
Wir müssen dankbar sein, daß unsere Sinne an den Ausstrahlungen solcher Blütenwirkungen teilhaben können, um so mehr, da es begnadete Menschen gibt, bei denen diese Schönheit den Anstoß für ihre künstlerische Entfaltung ermöglicht.

Tübingen, Juni 1980 *Joachim Venter*

Protea cynaroides Königsprotea

Die Gattung Protea ist nach dem Gott Proteus aus der griechischen Mythologie benannt. Dieser habe die Vielfalt der Arten nach der Form der Blätter, Blüten und Früchte geschaffen, bevor sie der Mensch entdeckt hat. Mit dem Artnamen wird herausgestellt, daß der Blütenstand dem einer Artischoke ähnelt (gr. kynara – Artischoke und gr. eidos – Aussehen).
Familie: Proteaceae – Proteusgewächse
Mit ca. 100 Arten ist die Gattung Protea vor allem in Südafrika, und da besonders am Südwestkap, durch Sträucher bis 3 m Höhe verbreitet. Die Blüten sitzen kopfartig an den Zweigspitzen und täuschen eine prächtige Einzelblüte vor. Ins Auge fallen die gefärbten Hochblätter, die wirklichen Blüten sind zwischen Haaren verborgen.
Im Kew Garden London waren 1810 schon 23 Protea-Arten vertreten. Die Kultur und Züchtung der Proteas ist vor allem im Hochland Südafrikas (Pretoria) intensiviert und modernisiert worden.
Die Königs- oder Riesenprotea ist die Art mit dem größten Blütenstand (Durchmesser ca. 30 cm). Eine seidige Behaarung gibt den Hochblättern einen samtartigen Glanz. Die Farbe der weitausladenden Hochblätter kann zwischen rosa, weiß bis tiefrot variieren. An dem etwa 1 m hohen Strauch sitzen gestielte Blätter, die in der Form je nach dem Standort veränderlich sein können. Verbreitung: von Kapstadt bis Grahamstown, aber nur noch wenig in freier Natur.
Blütezeit: Herbst oder Frühling

Protea eximia (früher P. latifolia) Breitblättrige Protea

Der bisherige Artname bezog sich auf die etwas breiteren Blätter (lat. latus – breit und lat. folium – Blatt). Die neue Bezeichnung bedeutet aus dem Lateinischen: eximius – besonders, vortrefflich.
Familie: Proteaceae – Proteusgewächse
Den kopfartigen Blütenstand kennzeichnen rosa Hochblätter, die an der Basis oft zu einem blassen Grün verbleichen. Der Blütenstand ist länglich und hat einen Durchmesser von etwa 8 cm. Dieser um 3 m hohe Baum fällt auch durch seine breiteren silbrig-grünen Blätter auf.
Diese Kap-Pflanze Südafrikas wächst in den Bergen beiderseits der Langloof und der Wüste »Kleine Karroo«.
Blütezeit: Herbst bis Frühsommer; wenn es im Sommer ausreichend regnet, blüht sie das ganze Jahr.

Protea barbigera Wollbärtiger Schillerbaum

Die Namensgebung ist treffend: Der Blütenstand ist von einer Menge weicher, weißer Haare, die auch die Hochblätter einfassen, wie von Watte angefüllt. Der Artname leitet sich aus dem Lateinischen (barba – Bart und gerere – tragen) ab.
Familie: Proteaceae – Proteusgewächse
Durch die starke Behaarung, die im Zentrum des Blütenkopfes in ein tiefes Schwarz übergeht, ist diese Protea zweifellos die Schönste dieser Pflanzengattung. Sie hat auch nach Protea cynaroides den zweitgrößten Blütenstand (ca. 20 cm Durchmesser) und wird daher außerdem auch Queen-Protea, also Königin-Protea genannt. Die Farbe der Hochblätter variiert zwischen rosa, rosenfarbig, gelb und creme. Auch die graugrünen Blätter sind zum Schutz gegen Verdunstung von Haaren eingefaßt. Dieser bis 1,5 m hohe buschige ausladende Baum hat im SW-Kap Südafrikas hoch in den Bergen seinen natürlichen Standort. Dort ist er aber selten geworden. Dafür wurde der Schillerbaum in seiner Heimat aber zu einer beliebten Gartenpflanze. Er wächst langsam und blüht erst im 4. Jahr.
Blütezeit: Juni bis November

Leucospermum reflexum Pferdekopf

Der Gattungsname bezieht sich auf ein weniger markantes Merkmal, nämlich das des Aussehens der Samen (gr. leukos – weiß und gr. sperma – Samen). Dagegen haben die sehr attraktiven Blütenköpfe dieses Vertreters der Proteusgewächse ihm den südafrikanischen Namen perdekop d.h. Pferdekopf eingebracht. Wenn die Blüten nach etwa einer Woche altern, schiebt sich von jeder Blütenröhre ein leuchtend tiefkarminroter Griffel heraus, der sich abwärts umbiegt (lat. reflexum – zurückgeschlagen), so daß man gewissermaßen an die Mähne eines Pferdes erinnert wird. Ein anderer üblicher Vergleich mit einer fliegenden Rakete, die einen Feuerstrahl hinter sich herzieht, ist eigentlich noch bezeichnender.
Familie: Proteaceae – Proteusgewächse
Die lachsfarbenen Blütenröhren stehen am Blütenkopf wie bei einem Nadelkissen zusammen. In einem Blumenarrangement sind sie sehr reizvoll, leider aber zu schnell vergänglich. Nach dem Verwelken am Strauch wird der Blütenkopf bis zu fünfmal immer wieder durch einen neuen kleineren ersetzt. So kommt es, daß die Büsche nahezu 6 Monate lang blühen. Wenn den Pflanzen reichlich Platz zur Verfügung steht, entwickeln sie sich im Garten zu dekorativen Büschen, die nach 5 bis 6 Jahren bis zu 1000 Blüten tragen.
Die Blätter der Leucospermum-Arten haben gekerbte Spitzen; so kann man diese Gattung von den Proteas auch im vegetativen Zustand unterscheiden. Die Blätter und Zweige sind mit einem taubengrauen weichen Flaum bedeckt.
Das natürliche Vorkommen der 40 Arten beschränkt sich fast nur auf Südafrika vom Südwest-Kap bis Transvaal.
Blütezeit: Juli bis Dezember

Dorotheanthus bellidiformis Mittagsblume (früher Mesembryanthemum acinaciforme)

Der deutsche Name Mittagsblume und die bisherige wissenschaftliche Bezeichnung Mesembryanthemum (gr. mesembria – Mittag und gr. anthemon – Blume) leiten sich daraus ab, daß sich die Blüten dieser Pflanzen nur bei Sonnenschein öffnen. Auch nach Aufspaltung der Sammelgattung Mesembryanthemum ist im gärtnerischen Bereich der Name noch üblich. Die neue wissenschaftliche Benennung hat Prof. Schwantes aus dem Vornamen seiner Mutter Dorothea zusammen mit gr. anthos – Blüte vorgenommen. Die Blätter sind in der Form denen des Gänseblümchens ähnlich (lat. bellis).

Familie: Aizoaceae – Mittagsblumengewächse

Mittagsblumen sind einjährige Kräuter, die sukkulente (dickfleischige) Blätter besitzen, um in den sehr trockenen Gebieten, in denen sie natürlicherweise vorkommen, mit dem Wasser durch Speicherung haushälterisch umgehen zu können.

Ihr Verbreitungsgebiet ist Südafrika (Kapland, Wüstengebiete der Großen und Kleinen Karroo). Bei uns sind sie sehr beliebte Sommerblumen. Die Blüten erscheinen in großer Fülle in rot, gelb, lila oder weiß in prachtvollen Schattierungen. Besonders wirkungsvoll sind sie, wenn sie in größeren Mengen gleichsam rasenbildend angepflanzt werden.

Seit Jahrhunderten schon haben sich Blumenliebhaber dieser Pflanzenfamilie zugewandt. 1648 kannte man schon 15 Arten, heute sind es einschließlich der Zuchtformen Tausende.

Blütezeit: Mai bis August

Fenestraria rhopalophylla Fensterpflanze (Steinkaktee)

Der Name Fensterpflanze (lat. fenestra – Fenster) ist so zu verstehen, daß die dickfleischigen Blätter, die im Sand verborgen sind, an den Enden wie abgeschnitten erscheinen und dort, statt des Gewebes mit Blattgrün, durchsichtiges Wassergewebe besitzen. Durch diese linsenförmigen sogenannten Fenster fällt Licht für die Photosynthese in das Blattinnere ein. Die Blätter sind keulenförmig (gr. rhopalon – Keule und gr. phyllon – Blatt).
Familie: Aizoaceae – Mittagsblumengewächse
Die nur mit zwei Arten vertretene Gattung gehört zu den interessantesten Sukkulenten. Die Pflanzen treten als kleine Polster auf und bilden Rasen, vor allem in dem sandigen Küstensaum Südwestafrikas.
Die Fenestrarien sind Steinkakteen. Die prall mit Saft gefüllten Blätter sehen durchscheinenden Quarzsteinen so ähnlich, daß Tiere sie meist übersehen. Es handelt sich also um eine Schutzanpassung durch Mimikry (Nachahmung). Mit Hilfe von Pfahlwurzeln sichern sich die Pflanzen ihren nötigen Wasserbedarf. Interessanterweise muß man in Kultur aber feststellen, daß sie auch während der vermeintlichen Trockenzeit Feuchtigkeit beanspruchen.
Die endständigen großen Blüten sind weiß.
Blütezeit: In der Natur Wachstums- und Blütezeit im feuchteren Sommer

Pleiospilos bolusii   Lebender Granit

Die stark sukkulenten Blätter sind mit Punkten übersät (gr. pleios – voll und gr. spilos – Punkt). Die Pflanzen sind nach Form und Farbtönung ihrer Blätter gegen Tierfraß geschützt. Der Artname leitet sich von dem Namen des engl.-südafrik. Botanikers H. Bolus (1834–1911) ab.
Familie: Aizoaceae – Mittagsblumengewächse
Diese interessanten Pflanzen bestehen nur aus kräftigen Blättern ohne Stamm. Die Nachahmung des umgebenden Gesteins ist so vollkommen, daß die dreikantigen steinfarbenen Blätter von den Gesteinsbrocken in den Trockengebieten kaum unterscheidbar sind. So ist für durstige Tiere das Auffinden dieser pflanzlichen Wasserspeicher sehr erschwert.
Diese mit 30 Arten vertretene Gattung wächst in der Kapregion Südafrikas.
Die großen gelben Blüten öffnen sich gegen Abend und duften nach Kokosnuß.
Eine Anzucht aus Samen ist leicht möglich. In Kultur sind Pflanzen mit kupferfarbenen Blüten gezüchtet worden.
Blütezeit: Herbst

Epiphyllum-Hybride Blattkaktus

Der Name der früher als Phyllocactus bezeichneten Gattung bringt zum Ausdruck, daß diese Pflanzen im Freien epiphytisch d.h. auf anderen Pflanzen oder Felsen lebend, wachsen (gr. epi – auf und gr. phyllon – Blatt). Durch Kreuzungen mit großblütigen Säulenkakteen, vorwiegend aus der Gattung Hylocereus (Waldcereus) entstand eine Unzahl von Bastarden (Hybriden).

Familie: Cactaceae – Kakteengewächse

Die Vertreter dieser Gattung haben meist lange, blattartige oder kantig geflügelte Sprosse. Echte Blätter fehlen. In den Sproßkerben befinden sich meist Haarpolster (Areolen).

Die natürliche Verbreitung dieser Pflanzen erstreckt sich von Mexiko bis Argentinien und Paraguay.

Für Zimmerkulturen liegen vorwiegend Hybriden vor, die sehr blühwillig sind. Die großen trichterförmigen Blüten haben eine lange schlanke Röhre. Wegen der Schönheit dieser Blüten werden Blattkakteen in den USA als »Orchid Cacti«, also Orchideenkakteen bezeichnet.

Blütezeit: Frühjahr bis Sommer

Epiphyllum-Hybride Blattkaktus

Früher unter dem Namen Phyllocactus bekannt. Die Stammformen haben epiphytische Lebensweise (gr. epi – auf und gr. phyllon – Blatt). Die Pflanzen unserer Zimmerkulturen sind Beispiele für die über 1000 Spielarten und Hybriden.
Familie: Cactaceae – Kakteengewächse
Die blattartigen Sproße übernehmen die Funktion der Blätter. Blattkakteen sind in den tropischen Urwäldern von Mexiko über Mittelamerika bis in das nördliche Südamerika verbreitet. Als Zimmerpflanzen sind es prachtvolle und verläßliche Blüher. Dazu sind sie ziemlich anspruchslos. Sie lieben einen hellen, aber nicht vollsonnigen luftigen Standort. Im Sommer kann man sie im Halbschatten ins Freie stellen. Im Winter sollen sie kühl stehen (8–10° C), sonst bilden sie dünne »Spieße«. Vorbedingung für gutes Gedeihen ist kalkfreies Gießwasser.
Die Farbskala der trichterförmigen Blüten der Hybriden reicht von Rot über Purpurrosa und Gelb bis Weiß.
Blütezeit: Frühjahr bis Sommer

Epiphyllum cartagense Blattkaktus

Der frühere Name Phyllokaktus bedeutet wörtlich Blattkaktus (gr. phyllon – Blatt), während sich die heutige Gattungsbezeichnung auf die epiphytische Lebensweise bezieht. Aus dem Artnamen läßt sich die Herkunft dieser Pflanze aus Mittelamerika erkennen. Der Artname Cartagense ist abgeleitet von der Provinzhauptstadt Cartago in Costa Rica. Man findet die Pflanze in ihrem Verbreitungsgebiet in etwa 1400 m Höhe.
Familie: Cactaceae – Kakteengewächse
Die blattartigen Sproße sind mehr oder weniger abgeflacht. Es wechseln kurze oder verlängerte Sproßglieder ab.
Von den etwa 20 Epiphyllum-Arten sind in Costa Rica viele beheimatet, so auch diese Art.
Ihr Wert als Zimmerpflanze gewinnt durch ihre prächtigen Blüten. Sie haben eine 10 bis 15 cm lange dünne Röhre.
Die Kelchblätter heben sich durch ihre rosa bis gelbliche Farbe von den zahlreichen weißen Kronblättern ab. Staubblätter, Griffel und Narben zeigen Abstufungen in zarten Pastellfarben.
Blütezeit: Frühjahr bis Sommer

Rhipsalidopsis gaertneri Glieder-Blattkaktus, Osterkaktus (auch Epiphyllopsis gaertneri)

Die Zuordnung dieses Kaktus zu der einen oder anderen Gattung ist wissenschaftlich uneinheitlich. In beiden Fällen wird in der Bezeichnung die Ähnlichkeit im Aussehen (gr. opsis – Aussehen) entweder zu der Gattung Rhipsalis (Binsenkaktus) oder Epiphyllum (Blattkaktus) zum Ausdruck gebracht. Die blattähnlichen Sprosse bilden regelmäßige, flache oder kantige Glieder. Der Artname gaertneri wurde zu Ehren des Calwer Arztes und Botanikers Josph Gaertner (1732–1791) gegeben.
Familie: Cactaceae – Kakteengewächse
Der Glieder-Blattkaktus ist in seiner Heimat Südbrasilien ein epiphytisch auf Bäumen und Felsen wachsender kleiner Strauch. Die Pflanze ist reich verzweigt und bildet immer wieder neue Glieder aus den kantigen Enden der alten Glieder nach. Hier brechen auch die scharlachroten röhrigen Blüten hervor.
Dieser Kaktus ist eine dankbare anspruchslose Zimmerpflanze, die jedes Jahr üppig blüht, wenn bestimmte Voraussetzungen gegeben sind. Im Winter muß eine zeitlang niedrige Temperatur (5–10° C) einwirken. Ebenso sind die Lichtverhältnisse und die Tageslänge im Winter für den Knospenansatz entscheidend. Die länger werdenden Tage und steigende Lichtintensität bedingen ein Blühen um die Osterzeit. Wegen der hängenden Sprosse ist dieser Kaktus als Ampelpflanze sehr geeignet.
Blütezeit: März/April

Delphinium grandiflorum   Großblütiger Rittersporn

Das griechische Wort delphinion ist ein uralter Pflanzenname aus der Zeit des Dioskorides (Militärarzt und Botaniker in römischen Diensten im 1. Jahrhundert n. Chr.). Den »Sporn« bildet das spitzverlängerte Blütenhüllblatt.
Familie: Ranunculaceae – Hahnenfußgewächs
Dieser Rittersporn ist eine ausdauernde Art, die in Ostsibirien und Westchina beheimatet ist. Bei uns ist sie eine hübsche Gartenpflanze, die allerdings nicht sehr langlebig ist.
Die Pflanze wirkt graziös durch ihren lockeren Wuchs, durch ihre schmalen linealischen Blätter und ihre lichten Blütentrauben. Die Blüten sind groß und zeigen ein schönes Azurblau. Auch die 5 Blütenhüllblätter einschließlich des Sporns sind ähnlich den Kronblättern gefärbt.
Der einheimische Feldrittersporn ist einjährig; er wurde u.a. auf Grund der Unterschiede bei den Honigblättern in eine neue Gattung gestellt (Consolida regalis).
Blütezeit: Juni bis August

Helleborus niger   Christrose

Die Christrose kommt mit geringer Wärme aus, um ihre Blüten um die Weihnachtszeit zu entfalten. Sie heißt auch Schneerose. Helleborus war der Name für einige Nieswurz- und Germer-Arten bei den alten Griechen. Der Name kommt vielleicht von gr. helein – nehmen (töten) und gr. bora – Fraß; das heißt soviel, daß es Pflanzen sind, deren Genuß tödlich wirkt. Tiere meiden sie auch. Der Artname niger (lat. – schwarz) berücksichtigt die äußerlich schwarzbraunen Wurzeln.
Familie: Ranunculaceae – Hahnenfußgewächse
Die grundständigen, ledrigen, glänzenden Laubblätter überwintern ausdauernd, die stengelständigen sind bleichgrün. Die endständigen Blüten von klarer weißer Farbe – oft außen rosa überhaucht – geben einen nachhaltigen Eindruck. Zwischen den weißen Blütenhüllblättern (eigentlich den Kelchblättern) und den Staubblättern stehen gelbgrüne Honigblätter, die nach der Entstehung umgewandelte Kronblätter sind. Da in der Blütezeit nicht sicher mit Insektenbesuch zu rechnen ist, bleibt die Narbe sehr lange empfängnisfähig. In den schräg oder senkrecht stehenden Blüten kann leicht Pollen auf die Narbe fallen, so daß es zur Selbstbestäubung kommt.
Die gepulverte Wurzel der giftigen Pflanze erregt Niesen, worauf der deutsche Gattungsname Nieswurz zurückzuführen ist. Im Volksbrauch wurde dieses Pulver früher bei Wahnsinnsanfällen verabreicht und diente auch zur Herstellung von Giftgetränken.
Bei uns ist H. niger nur noch selten in den nördlichen und südlichen Kalkalpen der Ostalpen wild zu finden. Sie steht unter Naturschutz. Als Gartenpflanze hat sie sich gut eingebürgert. Die Pflanze hat noch eine Verbreitung im Apennin, in Serbien und in den Karpaten.
Blütezeit: Dezember bis Februar, teilweise bis April

Nigella damascena Jungfer im Grünen

Nigella (von lat. nigellus – schwärzlich) bezieht sich auf die Farbe der Samen. Damascena heißt soviel wie aus Damaskus stammend. Die Pflanze heißt auch Römischer oder Türkischer Schwarzkümmel. Die Volksnamen deuten fast alle auf das Zarte des Erscheinungsbildes hin. Jungfrau im Grün, Braut in Haaren, Braut oder Jungfer oder Gretl in der Hecke, Greatli im Strus sind einige von ihnen. Die Blüten sind von den zerschlitzten Hochblättern umgeben.
Familie: Ranunculaceae – Hahnenfußgewächse
Der einfache oder verzweigte Stengel der krautartigen Pflanze trägt wechselständige, dreifach-fiederteilige Blätter und endständige Blüten von auffallender hellblauer Farbe. Die kahle Frucht ist blasig aufgetrieben. Früher wurde der schwarze Samen häufiger als Gewürz verwendet. In der Türkei wird mit ihnen immer noch gern Salzgebäck bestreut und verfeinert. Die Homöopathie benutzt die reifen Samen zur Herstellung einer Tinktur.
N. damascena stammt aus den Mittelmeerländern und Kleinasien.
Die Pflanze wird in mehreren Sorten als Gartenblume gezogen und ist als Schnittblume für Buketts geeignet; es gibt sie auch in Weiß und Dunkelblau.
Blütezeit: Juni bis September

Adonis annua Blutströpfchen

Nach der römischen Sage verwandelte Venus ihren Liebling Adonis in die blutrote Blume Adonium. Nach einer anderen Überlieferung soll aus dem Blute des toten Adonis diese Blume erblüht sein. Die Pflanze ist einjährig (lat. annuus – ein Jahr dauernd). Sie wird auch Herbst-Feuerröschen genannt.
Familie: Ranunculaceae – Hahnenfußgewächse
Das bis zu 50 cm hohe Kraut besitzt feinzerteilte Laubblätter. Die dunkelblutroten Blüten stehen einzeln endständig, sie sind mit zahlreichen dunkelvioletten Staubfäden gefüllt. Die reizvoll anzusehenden Früchte stehen locker auf spindelförmig verlängertem Blütenboden. Die Pflanze kommt zerstreut vor und ist manchmal aus Gärten verwildert. Meist ist sie als Getreide»unkraut« zu finden, am liebsten auf schweren Böden zwischen Weizen.
A. annua ist außer in Europa im südwestlichen Asien verbreitet.
Blütezeit: Juni bis September

Nymphea capensis var. zanzibariensis Sansibar-Seerose

Die Blüte der Seerosen soll der Sage nach aus einer Nymphe entstanden sein, die aus Eifersucht gestorben ist. Die Art- und Varietätennamen verweisen auf die geographische Verbreitung dieser Pflanze (capensis – in Kapland, zanzibariensis – auf der Insel Sansibar).
Familie: Nymphaceae – Seerosengewächse
Seerosen gehören durch ihre herrlichen Blüten, aber auch durch ihre formschönen Blätter zu besonders beachteten Pflanzen. Diese Art gewinnt an zusätzlicher Schönheit durch ihre ca. 10 cm großen Blüten mit den prächtigen Farbspielereien. Die 4 Kelchblätter sind außen grün, innen blau; die Kronblätter stehen in zwei Kreisen und erscheinen in abgestuften azurblauen Farbtönen. Auch die gelben Staubblätter tragen blaue Spitzen. Die Blüten ragen am Ende eines starrigen Stengels etwa 30 cm graziös aus dem Wasser; sie öffnen sich nur bei Sonne und schließen sich jede Nacht und bei trübem Wetter. Und das geschieht bei einer Blüte 5 Tage lang etwa von 10 bis 17 Uhr.
Diese Seerose hat auch den volkstümlichen Namen »Blaue Wasserlilie«. Man findet sie, vom Hochland ausgenommen, in allen Teilen Südafrikas. Sie ist die einzige von den 6 Nymphea-Arten Südafrikas, die wild wächst. Ihre Verbreitung schließt neben Süd- und Ostafrika Madagaskar ein.
Blütezeit: Fortdauernd vom Frühling bis Ende des Sommers

Paeonia lactiflora   Chinesische Pfingstrose

In der Äneis erzählt der römische Dichter Vergil von der lebenserweckenden Wirkung einer Paeonie. Die Pflanze war nach dem Götterarzt Paion genannt worden, der nach der griechischen Mythologie den verwundeten Hades geheilt hatte.
Unsere Gartenpaeonien stammen von alten chinesischen Kulturformen ab. Sie blühen etwa zur Pfingstzeit.
Mit der Artbezeichnung lactiflora (lat. lac, lactis – Milch) soll die weißliche Blütenfarbe beschrieben werden.
Früher hieß die Pflanze P. albiflora (lat. albus – weiß).
Familie: Paeoniaceae – Pfingstrosengewächse
Erst in den vergangenen Jahrzehnten fanden diese Edelpaeonien aus dem fernen Osten (China, Sibirien) in unsere Gärten Eingang und verdrängten die vorher bei uns angepflanzten südeuropäischen Paeonien der Gruppe P. officinalis. Manche Blumenmaler (Albrecht Dürer: Pfingstrose um 1500 und Martin Schongauer: Maria im Rosenhag 1473) haben Pfingstrosen im Bild festgehalten. Deshalb wissen wir, wie jene Gartenformen ausgesehen haben.
Inzwischen nehmen die Chinesischen Pfingstrosen als Zier- und Schnittblumen einen festen Platz ein; z.B. sind sie in Bauerngärten häufig und prächtig entwickelt. Im Knospenzustand oder halbgeöffnet sind sie bildhaft schön. Zu den Gartenzüchtungen zählen heute nahezu 3000 Kultursorten, die sich, außer in den Blüten, durch die Gestalt, Farbe und Festigkeit der Blätter unterscheiden. Wenn Pfingstrosen kalkhaltigen, humosen Boden und sonnigen Standort haben, blühen sie jahrelang aufs Neue.
Blütezeit: Juni bis Juli

Paeonia suffruticosa   Strauchpaeonie

Das Wort Paeonia ist in Anlehnung an den Namen des Götterarztes Paion aus der griechischen Sage entstanden. Der Artname kennzeichnet im Gegensatz zu den krautigen Paeonien die Wuchsform als Strauch (lat. sufferre – aufrechthalten und lat. fruticosus – buschig).
Familie: Paeoniaceae – Pfingstrosengewächse
Heimatgebiete der Stammformen dieser Kulturpaeonien sind China, Tibet und Bhutan. Aber auch diese Pfingstrose ist, bevor sie nach Europa kam, über Zuchtformen in chinesischen Gärten entstanden. Der ästige und kahle Strauch erreicht bis 1½ m Höhe. Die Blüten sind groß (ca. 16 cm breit); sie besitzen rosa-weiße Kronblätter, die am Grund einen magentafarbenen (anilinroten) Fleck besitzen.
Da die Pflanze nicht sicher winterhart ist, nicht zu nassen und weniggedüngten Boden verlangt, kann sie sich bei uns in den Gärten nur schwer behaupten.
Blütezeit: Mai bis Juni

Camellia japonica Kamelie

Die Gattung wurde zu Ehren des mährischen Jesuitenmissionars G. J. Camellus (1661–1706) benannt; dieser war, gleichzeitig auch als Apotheker, auf den Philippinen tätig und Verfasser botanischer Werke. Die Kamelie wurde erst allmählich bei uns bekannt. Ende des 17. Jahrhunderts gelangte von Ostasien-Reisenden Herbarmaterial, das als »Thea chinensis pimentae Jamaicensis« beschrieben wurde, nach England. Erst 1731 führte man die ersten Pflanzen nach England ein. Diese waren schon seit langem vorher in China und Japan als Zierpflanzen verbreitet.
Familie: Theaceae – Teestrauchgewächse
Wegen ihrer Ähnlichkeit mit dem Teestrauch (Camellia sinensis) hinsichtlich der immergrünen glänzend-ledrigen Blätter und der Blüten hieß die Kamelie zunächst auch Camellia thea. Sie stammt aus den Gebirgen Südwestchinas, wo sie noch wild vorkommt. Während die wildwachsenden Stammformen nur einfache Blüten besitzen, gibt es bei den vielen Zierformen Arten mit gefüllten Blüten. Bei ihnen haben sich die Staubblätter kronblattartig entwickelt; sie sind am Grunde verwachsen und durch Festigungsgewebe ledrig. Es gibt Sorten mit rosa, roten, weißen oder gesprenkelten Blüten. Da die Blüten reichlich Nektar enthalten, übernehmen in Japan auch zwei Vogelarten die Bestäubung. Kamelien sind Sträucher oder Bäume bis 15 m Höhe, die bei uns nicht im Freien überwintern können. Als Topfpflanzen sind sie heute noch bei Kennern sehr beliebt.
Blütezeit: Knospenentwicklung im Sommer, Blüte im darauffolgenden Frühjahr

Gordonia lasianthus   Gordonie

Der wohlklingende Gattungsname Gordonia leitet sich von James Gordon, einem englischen Baumschulenbesitzer (1728–1791), ab. Als Artmerkmal kann u.a. der seitenhaarige Kelch hervorgehoben werden; denn lasianthus setzt sich aus gr. lasios – dichtbehaart und gr. anthos – Blüte zusammen.
Familie: Theaceae – Teestrauchgewächse
Die immergrünen dunkel-glänzend ledrigen Blätter und der Blütenbau lassen unschwer erkennen, daß Gordonia den Teestrauchgewächsen zuzuordnen ist. Die feingesägten Blätter sind formschön, länglich-eiförmig und am Grunde verschmälert. Aus ihren Achseln entspringen die langgestielten cremeweißen Blüten. Diese sind ziemlich breit und fünfzählig; auch die Staubblätter sind zu fünf Bündeln verbunden.
Von den 30 Arten dieser Gattung sind fast alle in Südostasien beheimatet. G. lasianthus aber ist die einzige amerikanische Art. Diese kommt in den USA in Sumpfgebieten von Virginia bis Florida und Louisiana als Strauch oder Baum vor.
Blütezeit: Sommer

Nepenthes-Hybride Kannenstrauch

Bei diesen schönen und sonderbaren Pflanzen sind die Kannen das Auffälligste. Die Kannen sind nicht etwa Blüten sondern Teile eines Blattes. Der breite Blattgrund ist über die Spitze hinaus verlängert. Mit diesem Blattstiel kann die Pflanze wie eine Weinrebe ranken. Daran schließt sich die Blattspreite an, die zu einem farbig-gemusterten Becher als Insektenfalle umgebildet ist.

Auch bei Linné erregten diese seltsamen Pflanzen schon Aufmerksamkeit. Er übertrug das griechische Wort nepenthes, das »sorgenfrei« bedeutet, auf diese Pflanzengattung, weil, wie er damals meinte, das Wasser in den Blattschläuchen den durstigen Menschen Stärkung geben könnte.

Familie: Nepenthaceae – Kannenpflanzengewächse

Die Kanne ist ein hochspezialisierter Blattabschnitt. Bei manchen Arten kann sie bis 70 cm lang sein. Im jungen Zustand ist sie mit einem Deckel verschlossen, der erst geöffnet wird, wenn die Kanne funktionsfähig geworden ist. Das heißt, nun täuscht sie durch ihre lebhafte Farbe, ihre Form und durch den Nektar, der aus den Rillen am wulstförmigen oberen Rand ausgeschieden wird, eine Blüte vor, die Insekten anlockt. Die Besucher-Insekten gleiten über den schlüpfrigen Becherrand ins Innere ab. Aus Tausenden von Drüsen wird, teilweise schon vorher, im Inneren Verdauungssaft abgeschieden und durch Regenwasser verdünnt, so daß bis zu 2/3 der Kanne mit Flüssigkeit gefüllt sein können. Die Insekten werden durch eiweißspaltende Enzyme verdaut, wobei noch Bakterien zusätzlich wirksam werden. So sind die Nepenthes-Pflanzen fleischfressende Fallenpflanzen, die sich damit zusätzliche stickstoffhaltige Nahrung verschaffen.

Die Gattung Nepenthes hat kletternde und epiphytisch lebende Arten. Die ersten Pflanzen wurden 1658 von der Insel Madagaskar beschrieben. Man findet sie außer in Afrika vor allem in Indonesien und auf den Malaiischen Inseln; dort kommen sie in den Gebieten mit ständigem Nebel bevorzugt vor.

Natürlich haben die Pflanzen auch Blüten. Es sind zweihäusige Pflanzen, d.h. es gibt männliche und weibliche Nepenthes. In Kultur befinden sich überwiegend die widerstandsfähigen und teilweise schöneren Hybriden.

Blütezeit: unterschiedlich

Papaver orientale   Orientalischer Mohn

Papaver wird einmal auf lat. pappa – Kinderbrei zurückgeführt, weil man dem Brei Mohnsaft beifügte, um die Kinder zu beruhigen. Eine andere Version ordnet papaver dem lateinischen capio – ich fasse zu; daraus soll capaver, danach papaver geworden sein und auf die Napfform der Mohnkapsel hinweisen. Das Wort Mohn ist mit der griechischen Bezeichnung mékon für diese Pflanzengattung gleichbedeutend. Mit orientale d.h. aus dem Orient stammend, ist auf die Herkunft aus dem östlichen Mittelmeergebiet verwiesen. Die Pflanze wird auch zuweilen Türkischer Mohn genannt.
Familie: Papaveraceae – Mohngewächse
Es ist eine sehr robuste Staude (75–100 cm hoch), die bei uns in Gärten gezogen wird. Die Stiele und die Blätter sind borstig behaart. Die bis zu 15 cm großen Blütenköpfe von leuchtender zinnoberroter Farbe ziehen im Garten die Blicke auf sich. Es gibt auch weiße, rosa-, orange- und aprikosenfarbige Sorten.
Diese Mohnart ist in Nordpersien und im südlichen Kaukasus beheimatet.
Blütezeit: Ende Mai bis August

Papaver alpinum   Gelber Alpenmohn

Papaver ist der Name des Mohns bei den Römern. Der Artname alpinum weist auf die Verbreitung der Pflanze in den Alpen hin.
Familie: Papaveraceae – Mohngewächse
Diese 10–20 cm hohe, rasenbildende Staude besitzt in einer Grundrosette doppelt bis dreifach gefiederte blaugrüne Blätter. Aus der Rosette erheben sich auf einem langen Stiel die charakteristischen gelben Blüten. Die Farbe schwankt vom Orange der Knospen bis zum Goldgelb der geöffneten Blüten. Aus den nickenden Knospen entfalten sich nach dem Aufrichten und dem Abfallen der beiden Kelchblätter die anfangs zerknitterten 4 Kronblätter. Auch die zahlreichen Staubblätter sind goldgelb.
Der Gelbe Alpenmohn wächst auf Kalk- und Dolomitgestein zwischen 2000 und 2600 m Höhe. Das Hauptverbreitungsgebiet liegt zwischen den Julischen Alpen, Tirol und Graubünden. Einzelne Vorkommen gibt es in Jugoslawien, in den französischen Alpen und den südlichen Pyrenäen. Der Alpenmohn hat die Eiszeiten in eisfreien oder wenig vergletscherten Gebieten überdauert.
Blütezeit: Juli bis August

Saxifraga oppositifolia Roter Steinbrech

Der deutsche Name ist eine Übersetzung der botanischen Bezeichnung Saxifraga, das sich aus lateinisch saxum – Fels, Stein und frangere – brechen ableitet. Eine Erklärung dafür ist, daß die Pflanze mit ihren Wurzeln tief in Felsspalten eindringen kann, eine andere Deutung bezieht sich darauf, daß im Mittelalter Saxifraga gegen Blasensteine verabreicht wurde. Die kleinen Blätter stehen einander gegenüber (lat. oppositus – gegenüberstehend und lat. folium – Blatt).
Familie: Saxifragaceae – Steinbrechgewächse
Zahlreiche kriechende Stämmchen schließen sich zu flachen Polstern zusammen. Dicht geschindelt stehen die immergrünen Laubblätter beieinander. Von Rötlichviolett bis Dunkelweinrot zeigen die Kronblätter ihre Farbenpracht. Da die Knospen schon im Herbst angelegt werden, blüht dieser Steinbrech verhältnismäßig früh nach der Schneeschmelze. Bleiben Schmetterlinge oder Hummeln aus, kommt es zur Selbstbestäubung. Wegen der bisweilen rötlich-blauen Blüten und dem moosähnlichen Wuchs wird die Pflanze auch »Blaues Steinmoos« genannt.
Der Rote Steinbrech ist eine anspruchslose Fels- und Geröllpflanze, die teilweise Pionierfunktion übernimmt. Werden Polsterteile durch Wind oder Lawinen weggerissen, können sie sich an geeigneten Stellen wieder ansiedeln.
S. oppositifolia wächst außer in den Alpen im Apennin, in den Pyrenäen, den Karpaten, auf dem Balkan sowie in Nordeuropa und Nordsibirien. Auch im arktischen und subarktischen Nordamerika selbst bis zu den Inseln des Nördlichen Eismeeres kann man diese Pflanze finden.
Dieser Steinbrech ist vollkommen geschützt.
Blütezeit: April bis Juli

Hydrangea-Hybride Hortensie

In Europa waren Hortensien bis 1712 ganz unbekannt, bis dann der deutsche Arzt und Botaniker Kaempfer (1651–1716), der als einer der ersten die japanische Flora erforschte, Zeichnungen von der Hortensie veröffentlichte. Der französische Naturwissenschaftler Commerson brachte Herbarmaterial nach Europa. Er nannte die Gattung nach seiner Freundin und Begleiterin Hortense Barré. Schließlich holte man 1789 die ersten lebenden Pflanzen aus China in den Botanischen Garten Kew (London). Die spätere wissenschaftliche Bezeichnung Hydrangea bezieht sich darauf, daß die Pflanze am Wasser wächst und die Fruchtkapseln kleinen Wasserschalen ähnlich sehen (gr. hydor – Wasser und gr. aggeion – Gefäß). Unsere Hortensien stammen von uralten Gartenpflanzen Japans ab. Es sind Hybriden von Strand- und Waldhortensien.
Familie: Saxifragaceae – Steinbrechgewächse
Eine der Stammpflanzen ist die japanische Hortensie macrophylla, deren fruchtbare Blüten in einer Doldenrispe stehen. Der Blütenstand unserer strauchigen Gartenformen und Topfpflanzen ist kugelig, am Rande sind unfruchtbare Schaublüten. Bei vielen Zuchtformen sind bereits alle Blüten unfruchtbar. Hier sind die Kelchblätter vergrößert und kronblattartig gefärbt, so daß sie als prächtiger Schauapparat dienen. Die übrigen Blütenorgane sind fast ganz zurückgebildet. So werden diese Pflanzen nur noch durch Stecklinge vermehrt. Eine hellblaue Farbe kann der Gärtner erzielen, wenn den Pflanzen Aluminiumsalze in saurer Erde geboten werden.
Blütezeit: Sommer und Herbst

Rosa chinensis Chinesische Rose

Dieser Formkreis der Rosen wurde schon sehr früh in Ostasien als gefüllte Rose gezüchtet. Von China kamen Pflanzen im 18. Jahrhundert zunächst nach Indien (Bengalen), von dort aus dann später durch die Flotte der Ostindischen Kompanie nach Frankreich, England und Holland. Daraufhin nannte man diese Rose unzutreffend auch Bengalrose.
Familie: Rosaceae – Rosengewächse
Rosen haben eine lange »Kulturgeschichte«. Die alten Kultursorten der Chinesen wurden bei uns anfangs weitergezüchtet. Aber die Chinesische Rose ist leider in unserem Klima nicht winterfest. Sie wird deshalb nur noch wenig kultiviert, z.T. auch in Zwergform als Topfrose.
Kennzeichen dieses Formkreises sind langgestielte Blüten in prächtigen rosa, dunkelroten, gelblich oder fast weißen Farben. Die Nebenblätter sind sehr schmal. Die Kelchblätter sind nach der Blüte zurückgeschlagen.
Die einfach-blühende Wildform hat man erst 1885 in China wiedergefunden.
Blütezeit: Juni bis Herbst

Tee-Hybrid-Rose »Gretel Greul« Teehybrid-Rose

Teerosen sind die nächsten Verwandten der China-Rosen. Ihre Blüten sind größer, stärker duftend und in den Farben gelblich-weiß bis hellrot. Sie erhielten ihren Namen, weil ihr Geruch an den von Teeblüten erinnert.
Der seit 1890 gebräuchliche Name Teehybride betrifft eine neue »Rosenklasse«. Es sind nicht nur Teerosen sondern auch andere Rosen eingekreuzt worden. Bis heute sind mehr als 6000 Teehybriden benannt und registriert. Einen Markstein in der Züchtung der Teehybriden stellt seit 1945 die weltweit bekanntgewordene Sorte »Gloria Dei« dar.
Der Rosenzüchter Otto Greul, Hattersheim am Main, hat diese seine Züchtung nach seiner Tochter Gretel benannt.
Familie: Rosaceae – Rosengewächse
»Gretel Greul« wurde 1939 aus einer Mutation (der Gärtner spricht von »sport«) von der Sorte »Rote Rapture« gezüchtet.
Diese Teehybrid-Rose ist wegen ihrer herrlichen Farbe zu einer sehr bekannten Rose geworden. Die Blüte hat eine ausgezeichnete Form, sie öffnet sich langsam, aber gut und bei jedem Wetter. Die Farbe ist unveränderlich Orangerosa mit Hellrot überhaucht. Die Pflanze ist starkwüchsig, buschig und vieltriebig. Sie blüht unermüdlich bis zum Frost. Als Beetrose ist sie von schöner Wirkung und als Schnittrose hervorragend geeignet.

Rosa X kamtchatica Kamtschatka-Rose
(Rosa davurica x R. rugosa)

Die Kamtschatka–Rose ist ein Hybride von Rosa rugosa, der Kartoffel-Rose. »rugosus« bedeutet lateinisch faltig, runzlig, was sich auf die Beschaffenheit der Fiederblättchen bezieht. Die Heimat von Rosa rugosa ist Nordchina, Korea und Japan, die der Hybride die Halbinsel Kamtschatka (UdSSR).
Familie: Rosaceae – Rosengewächse
Die Rosa rugosa-Hybride sind bei uns beliebte bis 2 m hohe Pflanzen lebender Hecken, weil sie auch völlig winterhart sind. Sie sind darüber hinaus wirtschaftlich nutzbar, da ihre fleischigen Hagebutten für Kompott, Marmelade oder Wein verwendbar sind.
Die Kamtschatka-Rose unterscheidet sich von Rosa rugosa durch dünnere und weniger stachlige Triebe. Die Fiederblättchen sind länglich und oben weniger runzlig, unten weniger behaart. Die Blüten sind kleiner, die Sammelfrüchte kugliger.
Blütezeit: Juni bis Herbst

Rubus fruticosus »Blacki« Riesen-Kletterbrombeere

Zu der Gattung Rubus gehören sowohl die Brombeeren als auch die Himbeeren. Bereits die Römer schätzten die Schmackhaftigkeit der Früchte dieser Pflanzengruppe und nannten die Gattung Rubus. Die Artbezeichnung fruticosus bedeutet lateinisch buschig oder strauchig, was mehr als Sammelbegriff zu verstehen ist. Zwischen den zahlreichen Arten bestehen Übergänge, die sowohl durch natürliche Bastardierung als auch durch Zucht entstanden sind. »Blacki« ist eine neuerliche Züchtung aus Amerika.

Familie: Rosaceae – Rosengewächse

Rubusarten ohne oder mit ganz weichen Stacheln werden sonst als Himbeeren bezeichnet. Im Falle dieser Züchtung »Blacki« ist es nun gelungen, eine völlig stachellose Brombeere auf den Markt zu bringen. Es ist eine Riesen-Brombeere d.h. bereits im ersten Jahr bildet sie kräftige starkkletternde 3–4 m lange Triebe, die im zweiten und dritten Jahr sogar bis 10 m lang werden können. Die Blätter sind sehr schön fiederschnittig geformt und durch die Aderung markant gezeichnet. Die Blüten wachsen zu kohlschwarzen Riesen-Brombeeren heran. Botanisch sind dies keine einzelnen Früchte sondern Sammelfrüchte, die sich aus zahlreichen Steinfrüchtchen zusammensetzen. »Blacki« Brombeerpflanzen sind frostempfindlich. Sie eignen sich auch zum Bewachsen von Hauswänden, Garagen oder Mauern.

Blütezeit: Beginn Mitte April/Anfang Mai. Reife: relativ spät, ab Mitte bis Ende August

Mespilus germanica Echte Mispel

Aus dem lateinischen mespilus und dem althochdeutschen mespila entstand der Name Mispel für diesen Baum. Die Gattung ist nur mit einer Art, als M. germanica, die Deutsche oder üblicherweise Echte Mispel, vertreten.
Familie: Rosaceae – Rosengewächse
Die Mispel ist ein Strauch oder Baum (bis 5½ m), der in Kultur kaum mehr Dornen trägt. Aus den großen duftlosen Blüten entwickeln sich, teilweise durch Selbstbestäubung, die anfangs schmutzig-grünen, später braunen Früchte mit Steinkernen.
Obenauf sitzen noch die blattartigen Kelchblätter. Im Spätherbst nach Frosteintritt werden die Früchte teigig, beginnen zu faulen und sind dann erst genießbar, aber wenig wohlschmeckend. Der Zustand der reifenden Früchte hat auch zu recht drastischen volkstümlichen Bezeichnungen geführt (z.B. im Frankfurter Raum als Drecksäck).
Im Mittelalter war die Mispel als Obstbaum teilweise verbreitet. Die heutigen Pflanzen sind meist Kulturrelikte von ehemaligen Siedlungen. Früher hat man Rinde, Blätter und Früchte wegen ihres reichen Gerbstoffgehaltes als Heilmittel bei Blutungen und Nierensteinen sowie als Gurgelwasser bei Halserkrankungen verwendet.
Für Griechenland wird die Mispel schon 700 v. Chr. erwähnt; erst 500 Jahre später wurde sie von den Römern eingeführt. Auf den Wandgemälden von Pompeji ist eine Mispel dargestellt.
Die Pflanze wächst zerstreut an sonnigen Hängen und zwischen Felsen bis in 1100 m Höhe.
Außer in Deutschland gibt es die Mispel in Süd- und Südosteuropa, in Vorderasien und kultiviert auch in Nordamerika.
Blütezeit: Mai/Juni

Sorbus domestica Zahmer Sperberbaum

Der Zahme Sperberbaum wird auch Speierling genannt. Beide Namen gehen wohl auf die althochdeutsche Bezeichnung sperwa oder spiere für diesen Baum zurück. Die Römer nannten den Vogelbeerbaum (heute Sorbus aucuparia) und verwandte Arten Sorbus. Der Artname domesticus (lat. – einheimisch) verweist auf die frühere Nutzung durch den Menschen.
Familie: Rosaceae – Rosengewächse
Die Pflanze wächst zu Sträuchern oder hohen Bäumen (bis 20 m) heran. Die graufilzigen Zweige verkahlen später. Die Blütenstände sind doldenrispig, weißfilzig und reichblütig. Aus ihnen werden die birnenförmigen kugeligen Früchte (botanisch Scheinfrüchte), die in ihrem Gelb mit roter Sonnenseite und mit zarter Punktierung reizvoll anzusehen sind. Die Samen müssen den Vogelmagen passieren, um keimfähig zu werden. Das Fruchtfleisch ist reich an Steinzellen, so daß die Früchte erst nach längerem Liegen oder nach Frost genießbar sind. Wegen ihres Gerbsäuregehalts verwendeten sie die Römer gegen Erbrechen, Durchfall und Ruhr. Bei uns wurden die Früchte früher dem Most zur besseren Haltbarkeit beigemischt.
Im Mittelmeergebiet ist die Kultur des Speierlings sehr alt. Im 4. Jahrhundert v. Chr. berichtet Theophrast vom Unterschied zwischen wilden und kultivierten Bäumen.
Das dauerhafte Holz reizte Tischler, Drechsler und Bildhauer zur Verarbeitung.
Der Baum wächst bei uns nur in Süd- und Mitteldeutschland in Buchenwäldern und an sonnigen Hängen. Man findet ihn nicht häufig und dann meist einzeln. Seine allgemeine Verbreitung ist in Spanien, Italien, auf der Balkanhalbinsel und in Südrußland bis nach Persien.
Blütezeit: Mai

Trifolium incarnatum Inkarnat-Klee

Der Inkarnat-Klee heißt auch Blutklee. Der Fleischton in der Malerei wird in Italien mit »inkarnat« bezeichnet (lat. incarnatus – Fleisch geworden, fleischfarben). Die blutrote Blütenfarbe dieser Kleeart führte zu dieser Benennung. Der Gattungsname Trifolium bedeutet nach dem Lateinischen »Dreiblatt«.
Familie: Fabaceae (Leguminosae) – Hülsenfrüchtler
Schweifähnliche Blütenähren bilden die Spitze der 10–50 cm hohen Stengel, die einzeln aufrecht oder bei mehrstengligen Exemplaren aufsteigend wachsen. Deshalb hat die Pflanze auch Volksnamen wie Fuchsschwanz (in der Wetterau) oder Schwanzklee (im Nahegebiet) erhalten. Stengel und Laubblätter sind mehr oder weniger dicht anliegend bis aufrecht abstehend behaart.
Der Inkarnat-Klee wächst wild in Süd- und Westeuropa und wird in den wärmeren Gegenden von ganz Europa kultiviert. In Mitteleuropa ist er nur eingeschleppt worden und bringt dort nur wenig Erträge.
Die Pflanze ist ein- bis zweijährig.
Blütezeit: April bis Juli

Lathyrus latifolius Breitblättrige Platterbse, Bukett-Wicke

Die in Artenzahl und Verbreitung übereinstimmenden Gattungen Lathyrus – Platterbse und Vicia – Wicke lassen sich für den Laien schwer unterscheiden. Außer Abänderungen an der Staubblattröhre haben die Platterbsen meist nur wenige Fiederpaare an den Blättern. Die deutsche Bezeichnung Wicke, hier für die Bukett-Wicke oder für die bekannte wohlriechende Gartenwicke (beides Lathyrus-Arten), berücksichtigt die wissenschaftliche Zugehörigkeit nicht.
Mit lathyros wurden bereits im alten Griechenland Hülsenfrüchtler bezeichnet. Der Artname latifolius (lat. latus – breit und lat. folium – Blatt) bezieht sich weniger auf die Fiederblattpaare als auf den deutlich geflügelten vierkantigen Stengel und die geflügelten Blattstiele.
Familie: Fabaceae (Leguminosae) – Hülsenfrüchtler
Die Bukett-Wicke ist eine ausdauernde Pflanze Südeuropas. Man findet sie dort in Gebüschen, in Eichen- und Kastanienwäldern und an felsigen Hängen, insbesondere auch in den Olivenhainen Südialiens. Sie fällt leicht ins Auge, denn ihre niederliegenden oder mittels vieler Wickelranken kletternden Stengel können bis 2 m lang werden. Ihrem Namen Bukett-Wicke macht sie durch z.T. üppige Blütentrauben Ehre. Die Blüten sind herrliche große Schmetterlingsblüten mit karmesinroter Fahne und rückseitig braunrotem Schiffchen. Dank ihrer Schönheit hat sich diese Platterbse auch bei uns als Zierpflanze eingebürgert. Nur duften die Blüten nicht wie bei den einjährigen Gartenwicken.
Blütezeit: Juni bis August

Lathyrus clymenum   Morgenländische oder Purpurne Platterbse

Schon im griechischen Altertum bezeichnete man mit lathyros Hülsenfrüchte wie Erbsen, Wicken usw. Inzwischen gehören zur Familie der Hülsenfrüchtler ca. 700 Gattungen. Die Gattung Lathyrus wiederum umfaßt ca. 100 Arten.
Mit dem Artnamen clymenum hat man die Schönheit dieser purpurnen Platterbse herausstellen wollen (von gr. klymenos leitet sich Clymenus als Beiname des Pluto ab, was soviel wie »der Berühmte« heißt). Die Heimat dieser Pflanze ist die mediterrane Region, östlich an das Morgenland grenzend, westlich bis Madeira.
Familie: Fabaceae (Leguminosae) – Hülsenfrüchtler
Die Sproße dieser stattlichen einjährigen Pflanze werden bis 1 m lang und sind leicht beflügelt. Auffällig sind außerdem ihre blattartig verbreiteten Blattspindeln. Während die oberen Blätter 3 Paar Fiederblättchen und Ranken besitzen, kann man an den unteren Blättern (auf dem Bild nicht sichtbar) verschiedene Übergänge von einem ungegliederten Blatt zu einem gefiederten Laubblatt feststellen. Für den Botaniker sind solche Übergangsreihen wertvolle Hinweise für die Erkenntnis, wie im Laufe der Evolution gefiederte Blätter entstanden sein könnten.
In Südeuropa ist diese Platterbse Futterpflanze, im Altertum war sie auch Heilpflanze. Nördlich der Alpen findet man sie vereinzelt als Zierpflanze, dank der farbenfreudigen Blüten, bei denen karmesin- und purpurrot harmonisch aufeinander abgestimmt sind.
Blütezeit: Frühsommer/Sommer

Astragalus coccineus   Scharlachfarbiger Tragant

Der alte griechische Name astragalos (– Knöchel) für diese Gattung ist wohl auf die knotige perlschnurartige Hülsenform zurückzuführen. Bei der Benennung der Art wurde die charakteristische Blütenfarbe berücksichtigt (lat. coccineus – scharlachfarbig). Tragant ist kein deutsches Wort, sondern eine Übertragung des gr.-lat. Wortes tragacantha als Bezeichnung für den meterhohen Bocksdorn, der im Mittelmeergebiet wächst.
Familie: Fabaceae (Leguminosae) – Hülsenfrüchtler
Dieser Tragant ist einer der ca. 1600 Arten der Gattung Astragalus, die damit die artenreichste Gattung der höheren Pflanzen überhaupt ist. Die Arten sind bis auf wenige tropische Vertreter in der gemäßigten Zone der nördlichen Halbkugel verbreitet. Der ökologische Anpassungsspielraum der vielen Arten liegt von der Arktis und den alpinen Gebieten bis in die Halbwüsten und Wüsten und konzentriert sich auf die niederschlagsarmen Zonen Innerasiens und Nordamerikas.
Astragalus coccineus ist eine hübsche niedrige ausdauernde Pflanze, die in Californien, Arizona und im Nordwesten Mexikos beheimatet ist. Die gebüschelten dicht filzig-wolligen Sprosse und Blätter verraten die Anpassung an die Trockenheit. Einprägsam sind die rötlichen Kelche und die scharlachroten Kronblätter.
Blütezeit: Frühjahr/Sommer

Cassia didymobotrya Kerzenstrauch

Cassia ist ein alter griechischer Pflanzenname, der sich auf bestimmte Bäume mit wohlriechender würziger Rinde bezog.
Diese Art hat unverzweigte aufrechte Blütentrauben, die durch ihr leuchtendes Gelb kerzenartig an den Zweigen stehen. Aus gegenüberliegenden Blattachseln entspringt meist je ein Blütenstand, was sich in der Artbezeichnung niederschlägt (gr. didymos – doppelt und gr. botrys – Traube).
Familie: Fabaceae (Leguminosae) – Hülsenfrüchtler
Mit ca. 500 Arten ist die Gattung Cassia in fast allen tropischen und subtropischen Gebieten der Erde, insbesondere in Amerika, vertreten. Es gibt alle Wuchsformen von einjährigen Kräutern, Sträuchern bis zu Bäumen.
Der Kerzenstrauch ist ein raschwüchsiger, bis 3 m hoher Strauch, der außer durch die Blütentrauben durch seine schönen grünen, langen, gleichmäßig-gefiederten Blätter auffällt.
Die Pflanze ist in Brasilien beheimatet. Wir können sie aber zum Beispiel auch bei einem Aufenthalt auf den Kanarischen Inseln bewundern. Sie wurde dorthin eingeführt und hat sich durch gute Fruchtbarkeit ziemlich rasch ausbreiten können.
Zur Gattung Cassia gehören auch offizinelle Arten. Von gewisser Bedeutung sind heute noch Cassia angustifolia (Ostafrika, Indien) und Cassia senna (Zentral- und Nordostafrika). Ihre Blätter und Rinde liefern milde Abführmittel.
Blütezeit: ganzjährig

Albizia julibrissin Albizzie

Der italienische Naturforscher Filippo del Albizzi hat im Jahre 1749 diese Pflanze von Konstantinopel nach Florenz gebracht. Nach ihm hat man die 100–200 Arten umfassende Gattung Albizia genannt. Die Heimat dieser Art ist die Südküste des Kaspischen Meeres, also Persien. Darauf verweist der persische Name julibrissin, der zum Artnamen dieses Baumes gewählt wurde.

Familie: Fabaceae (Leguminosae) Hülsenfrüchtler

Die Albizzien gehören zur Unterfamilie der Mimosoideae, also der Mimosenartigen, wie die Blätter und Blüten erkennen lassen. Die Blätter sind durch ihre zarte doppelte Fiederung sehr dekorativ. Noch graziler wirken die in gedrungenen Rispen stehenden kugeligen 2,5–3 cm langen hellvioletten Blütenköpfchen, die angenehm duften. Die zahlreichen Staubblätter, die am Grunde zu einer Röhre verwachsen sind, ragen wie Seidenfäden weit aus den Einzelblüten hervor. Deshalb nennt man die Albizzie zuweilen auch Seidenrosenbaum.

Dieser bis 12 m hohe Baum hat im subtropischen Asien von Nordpersien bis zum nördlichen China seine natürliche Verbreitung. Da er wenig frostempfindlich ist, wird er auch in Südeuropa als Zier- und Alleebaum angepflanzt, so z.B. bis nach Norditalien.

Blütezeit: Juli/August

Clitoria ternatea Schamblume

Gegenüber den anderen Schmetterlingsblüten hat die Blüte von Clitoria einen veränderten Bau. Die Krone ist umgedreht, die große Fahne ist abwärts, das viel kleinere Schiffchen ist aufwärts gerichtet. Die Kelchröhre hat walzenförmige Gestalt. So glaubte man beim Anblick der Blüte Ähnlichkeiten mit der Klitoris und den kleinen Schamlippen zu sehen (lat. clitoris – Kitzler). Die Schamblume wird seit 1739 in Westeuropa kultiviert. Die ersten Samen wurden von der Molukkeninsel Ternate, einem ihrer Verbreitungsgebiete im tropischen Asien, eingeführt; daher der Artname ternatea. Von den ca. 40 Arten sind die meisten im tropischen Amerika beheimatet.
Familie: Fabaceae (Leguminosae) – Hülsenfrüchtler
Als Tropenpflanze ist Clitoria ternatea bei uns ein beliebter Warmhausschlinger in Botanischen Gärten. Ihr Sproß erreicht eine Länge von 4,50 m. Die schönen 3 cm großen Blüten gewinnen durch ihren interessanten Bau und durch die tiefblaue Farbe der Fahne. Es ist ein Azurblau, das mit helleren Zeichnungen vermischt ist.
Die besuchenden Insekten werden nicht wie bei anderen Schmetterlingsblüten von unten, sondern auf dem Rücken mit Pollen bestäubt.
Die blauweißen Blüten werden in Südasien zum Färben von Speisen und Getränken verwendet. Wurzel und Blätter enthalten brecherregende Stoffe. Die Pflanze hat auch den Namen Taubenflügel.
Blütezeit: Während des ganzen Sommers

Erythrina crista-galli Echter Korallenstrauch

Die leuchtend rote Farbe der Schmetterlingsblüten und deren veränderter Bau sind bei der Festlegung des Gattungs- und Artnamens herangezogen worden. Die Kronblätter sind scharlachrot (vergleichsweise mit Korallen); erythrina ist von gr. erythros – rot abgeleitet. Von den Schmetterlingsblüten sind die Flügel völlig verkümmert, die aufrechtstehende 5 cm lange Fahne beherrscht hahnenkammartig das Aussehen (lat. crista – Kamm und lat. gallus – Hahn). Das Schiffchen ist zu einer starren Scheide geworden und nach oben gebogen.
Familie: Fabaceae (Leguminosae) – Hülsenfrüchtler
Diese Pflanze ist als Baum in Brasilien heimisch, wird aber in anderen tropischen und subtropischen Gebieten angepflanzt, z.B. insbesondere auch in Südafrika. Auch in unserem Klima gedeiht und blüht der Korallenstrauch (er bleibt allerdings ein Strauch), vorausgesetzt, daß er im Winter, von Oktober bis April, vor Frost geschützt und streng trocken gehalten wird.
Da er zu einer der schönsten und reichblütigsten Tropenpflanzen gehört, sollte er nicht nur in Botanischen Gärten kultiviert werden. Er eignet sich z.B. auch als Kübelpflanze für Terrassen und Dachgärten.
Bemerkenswert ist, daß der Echte Korallenstrauch in Brasilien durch Kolibris, in Südafrika durch Honigvögel bestäubt wird.
Blütezeit: August/September

Erythrina indica Indischer Korallenbaum

Die Zugehörigkeit zur Gattung Erythrina (gr. erythros – rot) weist auf die Blütenfarbe hin, die allerdings bei dieser Art aus Indien weniger ein Korallenrot als ein leuchtendes Braunrot zeigt. Aber auch hier ist wie beim echten Korallenstrauch bei Reduktion der Flügel die große Fahne der Schmetterlingsblüte zu einem Schauorgan vergrößert. Dadurch wird ebenfalls eine Bestäubung durch Vögel ermöglicht.
Familie: Fabaceae (Leguminosae) – Hülsenfrüchtler
Dieser buschige breite Baum ist in der Trockenzeit ohne Laub und blüht teilweise schon vor der Entfaltung der Blätter. Dann erkennt man gut die schwarzen Dornen an der gelblich-grüngrauen Borke. Die gefiederten Blätter haben charakteristische dreieckige Fiederblättchen, die bei Zierformen entlang der Hauptader auch gelb sein können.
Der Baum ist ursprünglich in den Wäldern an der Ostküste der Indischen Halbinsel (Konkan, Thana, Kanara) zu Hause, hat sich aber in Kultur und selbstvermehrend über ganz Indien, über die Andamanen und Nicobaren bis zur Malaiischen Halbinsel und Australien ausgebreitet.
Der Korallenbaum wird auch als Schattenbaum gepflanzt und dient teilweise kletternden Pfefferpflanzen als Stütze.
Blütezeit: Februar/März

Acacia cyanophylla Blaublättrige Akazie

Acacia ist ein ursprünglicher lateinischer Pflanzenname. Dioskorides (griech. Militärarzt und Botaniker in römischen Diensten, 1. Jahrh. n. Chr.) bezeichnete damit Akazienarten. Der Besitz der bläulichschimmernden Blätter, genauer gesagt der flächig ausgebildeten Blattstiele oder Phyllodien führte zum Artnamen cyanophylla aus gr. kyanos – dunkelblau und gr. phyllon – Blatt.
Familie: Fabaceae (Leguminosae) – Hülsenfrüchtler
Die ca. 450 Akazienarten sind in tropischen und subtropischen Gebieten der alten und neuen Welt verbreitet, besonders zahlreich in Australien und Südafrika. Diese Art kommt in Westaustralien und auf den Ebenen und Hügelflächen vor allem des nördlichen Südafrikas vor. Der bis 6 m hohe Baum wird auch in Südeuropa zur Zierde angepflanzt.
Die zahllosen prächtigen kugeligen Blütenköpfe sitzen gewöhnlich zu 7–10 an achselständigen kleinen Zweigen. An den zahlreichen Blüten eines Köpfchens (etwa 50–60) bestimmen die langen Staubblätter das Aussehen.
In Südafrika hat dieser Baum den volkstümlichen Namen »Goldene Weide«, was auf die weidenähnlichen Blätter verweist.
Blütezeit: Juli bis August (Südafrika), April/Mai (Südeuropa)

Euphorbia fulgens   Leuchtende Wolfsmilch

Wolfsmilchgewächse sind in unserer heimischen Flora zahlreich vertreten. Aber man weiß kaum, daß diese Familie mit 300 Gattungen und 8000 Arten die größte unter den höheren Pflanzen ist. Zu der Gattung Euphorbia gehören durchweg Pflanzen mit Milchsaft, so auch die Leuchtende Wolfsmilch. Für den Namen Euphorbia gibt es folgende Überlieferung: Der König von Mauritanien habe diese Wunderpflanze angewandt und nach seinem Leibarzt Euphorbos benannt. Euphorbos war der Bruder von Antonius Musa (Namensgebung für Banane). Die Art heißt fulgens, was lateinisch soviel wie glänzend oder strahlend bedeutet.
Familie: Euphorbiaceae – Wolfsmilchgewächse
Dieser rutenförmige, wenig verzweigte Strauch ist in Mexiko beheimatet, inzwischen aber auch bei uns zu einer beliebten wertvollen Schnittpflanze geworden.
Die Blütenästchen entspringen aus den Blattachseln als Trugdolden und sind nach einer Seite gewandt. Die leuchtend gelblich-scharlachroten Blüten sind botanisch gesehen keine Einzelblüten sondern ein Blütenstand, eine kompliziert gebaute Scheinblüte (Cyathium).
Neue Kulturen werden aus Stecklingen gezogen. Damit die Pflanze blüht, muß sie Kurztagsbedingungen haben (täglich 12–13 Stunden Licht). Wenn man z.B. Weihnachten blühende Zweige haben will, muß man ab 20. September 6–7 Wochen Kurztage bieten bis zur Knospenbildung.
Blütezeit: Ende Dezember/Anfang Januar

Citrus aurantium Orange

Die alten Römer nannten den Zitronenbaum citrus. Auf den Wandgemälden und den Mosaiken z.B. in Pompeji sind Citrus-Bäume abgebildet. Aus citrus hat sich der Name der Gattung gebildet, die auch Zitronen, Mandarinen und Pampelmusen umfaßt. Die Grenzen der Arten sind unsicher; manche Wissenschaftler geben 15, andere über 100 Arten an. Das aus dem Italienischen stammende Wort arancia wurde zu aurantium latinisiert und ist auch die Basis unserer Bezeichnung als Orange bzw. Orangenbaum.
Familie: Rutaceae – Rautengewächse
Die Citrusarten sind die ältesten Obstgehölze der Menschen. Sie sind im indisch-malaiischen Monsungebiet ursprünglich, wurden aber seit langem schon in China und der malaiischen Inselwelt kultiviert. Heute werden sie vor allem im Mittelmeerraum und in Gebieten der Welt mit Mittelmeerklima (Kalifornien, Südafrika) intensiv in Plantagen angebaut.
C. aurantium ist wie alle Citrusarten ein relativ niedriger Baum. Er hat lange, aber nicht scharfe Dornen (auf dem Bild nicht sichtbar). Ein Kennzeichen sind die dunkelgrünen Laubblätter, die breit geflügelt sind. Die ganz weißen Blüten duften stark. Aus ihnen gewinnt man durch Destillation Orangenöl für die Parfümindustrie. In Ländern, wo Orangenbäume wachsen, trägt oft die Braut ein Sträußchen oder einen Kranz aus Orangenblüten als Sinnbild der Keuschheit. Die kugeligen Früchte enthalten in ihrer Schale auch ätherische Öle. Das saftige Fruchtfleisch ist in Kammern geteilt; es ist reich an Vitamin C.
Bemerkenswert ist, daß Blüten und Früchte gleichzeitig an einem Baum zu finden sind.
Blütezeit: Über das Jahr verteilt

Althaea rosea   Stockrose, Eibisch

Althaia oder althaea kommt vom griechischen althomai – ich werde heil, gesund. Volkstümliche Namen wie Roseneibisch, Bauernrose, Rosenpappel, Stockmalve, Herbstrose und Gartenmalve zeugen für die Beliebtheit, welcher sich diese Pflanze erfreut.
Familie: Malvaceae – Malvengewächse
Die zweijährige Pflanze mit aufrechtem, rauhhaarigem Stengel, der langgestielte, meist fünf- bis siebenlappige steifhaarig-filzige Blätter mit hervortretender Nervatur trägt, fällt besonders durch ihre prächtigen großen Blüten auf. Im Spätsommer erscheinen sie in den Blattwinkeln, nach oben hin eine lange Ähre bildend. Besonders in Bauerngärten kann man sich an der Pracht der verschiedenfarbigen Blumensäulen erfreuen.
Erst bei den Botanikern des 16. Jahrhunderts begegnet man dieser Pflanze. Sie könnte wie die Tulpe durch die Türken nach Europa gelangt sein. Die Herkunft ist dunkel. Wild soll sie im Orient, auf der Balkanhalbinsel und auf Kreta vorkommen, ist aber auch dort vielleicht nur eingebürgert.
Die dunkelroten Blüten der Stockrose enthalten einen weinroten Farbstoff, der außer zum Drucken zum Färben von Rotwein und Likören verwendet wurde.
Hieronymus Bock berichtet 1577 ausführlich über die Heilwirkung der Pflanze.
Aus der Bibel weiß man, daß schon Moses die fieberkranken Juden bei der Zurückführung aus Ägypten Malvensud trinken ließ.
Blütezeit: Juli bis Oktober

Gossypium herbaceum   Baumwolle

Die Römer kannten die Baumwollpflanze von den Arabern und gaben ihr den klassischen Namen gossypium. Es gibt über 20 Arten mit vielen Varietäten und Züchtungen. G. herbaceum ist einer der krautartigen, nicht baumartigen Vertreter dieser Gattung (lat. herba – Kraut).
Familie: Malvaceae – Malvengewächse
In trockenen Grasländern und Wüstenrandgebieten der Tropen und Subtropen aller Kontinente kommen verschiedene Arten der Baumwolle vor. Ihre Ursprünge glaubt man in zwei Ahnenreihen gefunden zu haben, in einer afrikanisch-indischen und einer peruanischen. Gossypium herbaceum ist wahrscheinlich in Nordwestindien und Zentralasien beheimatet. In niederschlagsärmeren Gebieten aller Erdteile (z.B. Ägypten, Indien, USA) baut man die Arten und Varietäten an, deren Samenwolle so langhaarig ist, daß sich die Gewinnung lohnt.
Die Wolle entsteht aus den abgestorbenen Oberhauthaaren der Samenschale und besteht aus nahezu reiner Zellulose. Beim Öffnen der fächrigen Kapsel lockert sie sich zu einem mächtigen Wattebausch auf, der natürlicherweise der Verbreitung der Samen durch den Wind dient.
Gossypium herbaceum ist eine einjährige, wenig verzweigte Pflanze, die bis 130 cm hoch wird. Die herzförmigen gelappten Blätter sind ledrig und netzartig. Die Blüten sind achselständig und erinnern an die unserer Malven; sie sind gelb mit dunkelpurpurner Mitte. Um den keulenförmig verdickten Griffel scharen sich die Staubbeutel, deren Staubfäden zu einer Röhre verwachsen sind. Eine Pflanze kann zur gleichen Zeit Blüten, unreife, reifende und aufgesprungene Kapseln tragen. Diese Gossypiumart wird zu Lehrzwecken gern in Botanischen Gärten kultiviert. Sie braucht einen hellen, warmen und luftigen Standort.
Blütezeit: Juni bis Juli

Dombeya wallichii Malvenbaum

Die Familie der Sterkuliengewächse, zu der dieser Baum gehört, ist in die Ordnung der Malvales, also der Malvenartigen einzureihen.
Gattungs- und Artname dieser Pflanze sind von Eigennamen abgeleitet. Josef Dombey (1742–1795) war französischer Botaniker, und Nathanael Wallich (1786–1854), aus Kopenhagen stammend, war Arzt und Kurator des Botanischen Gartens in Kalkutta.
Familie: Sterculiaceae – Sterkuliengewächse
Der Malvenbaum ist ein Schmuckstück in Botanischen Gärten und Schausammlungen. Er gedeiht auch in Kübeln, braucht aber eine winterliche Wärme von mindestens + 14° C. Dieser stattliche Baum (bis 10 m Höhe) hat lindenähnliche Blätter, die durch Sternhaarbesatz auffallend hellgrün wirken. Die wunderschönen Blüten stehen in Scheindolden zusammen und hängen an langen Stielen, die den Blattachseln entspringen. Das Hell- und Scharlachrot der Kronblätter wird ergänzt durch das Gelb der Staubbeutel.
Die Heimat des Malvenbaums ist Madagaskar. Die übrigen 100 Arten dieser Gattung sind außer in Madagaskar noch im übrigen tropischen Afrika anzutreffen.
Blütezeit: Spätwinter

Passiflora-Hybride (P. alata x caerulea) Passionsblume

Passionsblumen bekamen ihren Namen, weil man in ihrem interessanten Blütenbau die Leidenswerkzeuge Christi zu erkennen glaubte (lat. passio – Leiden). Von den 400 Arten sind zahlreiche zu Garten- und Zimmerpflanzen geworden. Durch Bastardierung hat sich die Formenfülle erweitert. Die bekannteste Art ist die Blaue Passionsblume (Passiflora caerulea; von lat. caeruleus – bläulich). Hier liegt sie als Kreuzung mit Passiflora alata vor (lat. alatus – geflügelt), deren Stengel vierflügelig sind.
Familie: Passifloraceae – Passionsblumengewächse
Über die phantasiereiche Deutung der Blütenteile als Symbol der Passion ist Folgendes überliefert: Die 3 Narben entsprechen den Nägeln, der Strahlenkranz der Nebenkrone entspricht der Dornenkrone. Die 5 Staubbeutel symbolisieren die Wunden; in den dreilappigen Blättern sah man die Lanzen, in den Ranken die Geißeln. Das Weiß in der Blüte steht für die Unschuld des Erlösers.
Passionsblumen sind vor allem in den Tropen Amerikas, aber auch Asiens, Australiens und Polynesiens zu Hause. Die Blaue Passionsblume ist bei uns neben anderen Arten eine beliebte Zimmer- und Fensterpflanze. Man kann diese üppig wachsende Kletterpflanze auch im Freien halten, muß sie aber von September bis Mai in Töpfen ins Haus zur Winterruhe bringen. Die Geflügelte Passionsblume hat karminrote duftende Blüten, deren Nebenkrone so groß wie die Kronblätter ist. Die Früchte der Geflügelten Passionsblume sind gänseeigroß und sind wegen ihres aromatisch säuerlichen Fruchtmarks sehr schmackhaft.
Blütezeit: Sommer/Herbst

Passiflora racemosa   Trauben-Passionsblume

In den sehr formgestaltigen Blüten der Passionsblumen sah man die Marterwerkzeuge des Leidens Christi symbolisiert (lat. passio – Leiden). Besonders fällt ins Auge, daß zusätzlich zur Blütenkrone eine strahlige Nebenkrone, die als Symbol der Dornenkrone angesehen wird, die Schauwirkung der Blüte verstärkt. Wegen der mehrblütigen Trauben erhielt diese Art den Namen racemosa (lat. racemus – traubenartig).
Familie: Passifloraceae – Passionsblumengewächse
Diese aus Brasilien stammende Art ist zwar schwachwüchsig, aber reichblühend. Sie findet als Topfpflanze in Warmhäusern oder in Zimmern als Kletterstrauch Verwendung. Die karminroten großen Blüten mit der dunkelblau-weißen Strahlenkrone besitzen eine ungeheure Farb- und Formwirkung. Auch die Blätter, tief dreilappig und ledrig, haben ornamentale Wirkung.
Blütezeit: Frühling bis Herbst, z.T. auch im Winter

Eucalyptus globulus-Hybride Blaugummibaum

Wir denken bei dem Wort Eucalyptus zunächst an das gleichnamige Öl, das aus den Blättern gewonnen wird. Der Name von gr. eu – schön und gr. kalyptos – verhüllt oder verdeckt, betrifft die Blütenentwicklung dieser Pflanze. Die der Fortpflanzung dienenden Blütenteile sind vor der Entfaltung der Blüte durch eine feste Kappe verhüllt. Man konnte nachweisen, daß diese Kappe aus den 4 Kronblättern verwachsen ist. Bei der Streckung der Staubfäden wird sie abgeworfen. Die kugelige Form gab den Anstoß für den Artnamen (lat. globulus – kleine Kugel). Im deutschen Namen sind die blaugrünen Blätter und ihr Gehalt an gummiähnlichen Harzen und Ölen berücksichtigt.
Familie: Myrtaceae – Myrtengewächse
E. globulus ist eine von mehr als 500 Arten, die vor allem in Australien, aber auch im malaiischen Raum vorkommen. Der 70–80 m hohe Baum ist in Südostaustralien und Tasmanien beheimatet. Es ist der am meisten in der übrigen Welt mit ähnlichen klimatischen Voraussetzungen kultivierte Eucalyptusbaum. Er dient nicht nur auf Grund seiner blaugrünen Blätter und der Blüten als Zier- und Parkbaum sondern auch als Schatten- und Windschutzbaum. Außerdem eignet er sich auf Grund seines raschen Wuchses und seiner intensiven Transpiration als Baum zur Trockenlegung von Sumpfgebieten (Malariagebieten). Im Winter kommen vom Mittelmeer Zweige mit Blütenknospen für Blumenarrangements zu uns.
Blütezeit: Juni bis November

Vaccinium myrtillus   Heidelbeere, Blaubeere

Aus dem althochdeutschen heitperi d.h., die im Gebüsch und im Wald wachsende Beere, entstand der Name Heidelbeere. Vaccinium ist bei Plinius die Benennung der Heidelbeere. Es ist fraglich, ob das lateinische Wort vacca – Kuh oder das lateinische Wort bacca – Beere damit in Zusammenhang zu bringen sind. Myrtillus soll die Ähnlichkeit der Blätter und Beeren mit der Myrte zum Ausdruck bringen (lat. myrtus – Myrte).
Familie: Ericaceae – Heidekrautgewächse
Die durch wohlschmeckende Früchte bekannte Heidelbeere finden wir in Wäldern, Torfmooren und auf Heiden als gesellig wachsenden Halbstrauch. Aus den Blattachseln gehen im Mai bis Juni die kugelig krugförmigen Blüten hervor. Sie bilden reichlich Honig, wodurch Hummeln, Bienen, Falter und Fliegen angelockt werden. Auch Selbstbestäubung ist möglich.
Aus den Blüten bilden sich die schwarzen Beeren, die Blaubeeren. Durch den dunklen Farbstoff (Myrtillin) wird Wärme zur Reife absorbiert.
Die Pflanze findet bereits bei der Äbtissin Hildegard im 12. Jahrhundert Erwähnung. Auch in unseren Tagen bedient sich die Volksheilkunde der Blätter und Beeren. Die Beeren enthalten Zucker, Gummi-, Pektin- und Gerbstoffe sowie Säuren.
Die Verbreitung geschieht durch Drosseln, Elstern, Rotkehlchen und andere Vögel.
Außer in Mittel- und Nordeuropa gedeiht die Heidelbeere in Kleinasien, im Kaukasus, in Nordasien und in Nordamerika. In der Schweiz kommt sie noch bis in 2840 m Höhe vor.
Blütezeit: Mai/Juni

Arctostaphylos uva-ursi Bärentraube

Arctostaphylos uva-ursi sagt zweimal dasselbe aus; der Name ist ein Pleonasmus. Arctostaphylos heißt Bärentraube, uva ursi auch. Das erste Wort kommt aus dem Griechischen, die zweite Wortgruppe aus dem Lateinischen. Da die Beeren den Bären gut schmecken, wurde der Name Bärentraube gewählt.
Familie: Ericaceae – Heidekrautgewächse
Die Bärentraube ist ein dem Erdboden anliegender, teppichbildender Strauch mit derbledrigen immergrünen Blättern. Die kleinen glockenartigen Blüten sind weiß bis rosenrot und sind zu einer überhängenden Traube vereint. Die Bestäubung übernehmen vor allem Hummeln; teilweise tritt auch Selbstbestäubung ein. Die kugeligen scharlachroten Beeren ähneln den Preißelbeeren. Sie sind aber mehliger und nicht so wohlschmeckend. Im Norden werden sie manchmal noch dem Brot beigemischt. Vögel z.B. Krähen, Wacholderdrossel und Seidenschwanz sorgen für die Samenverbreitung, zumal die Beeren bis zum Frühjahr am Strauch bleiben.
Die Bärentraube ist eine alte nordische Heilpflanze, nachweislich bereits seit dem 12. Jahrhundert. Die getrockneten Blätter sind für die Bereitung von Blasen- und Nierentee bekannt.
Im Westen Deutschlands gibt es den Strauch selten. In den Nadelwäldern und auf den Heiden des Ostens wächst er dagegen häufiger; an sonnigen Orten auch in den Alpen. Die Bärentraube ist in Nordeuropa und in Nordamerika verbreitet.
Blütezeit: Je nach Höhenlage im März bis im Juli

Erica plukenetii Quasten-Heidekraut

Diese Erica-Art wurde zu Ehren des englischen Botanikers Leonard Plukenet (1652–1706) benannt.
Die Anhängsel an den Staubblättern, die es auch bei den anderen Arten gibt, sind hier besonders lang und hängen wie eine Quaste aus der Blüte heraus.
Familie: Ericaceae – Heidekrautgewächse
Dieses südafrikanische Heidekraut wächst in Kapland bis Namaqualand (Grenze zu Namibia). Es findet sich auf den meisten dortigen Bergen bis über 1600 m Höhe. Die Pflanze variiert in der Größe und kann bis 60 cm hoch werden. Ihre reizvollen Blüten sind karminrot, können sich aber auch weißlich und grünlich färben. An den langen Stengeln hängen die Glöckchen mit ihrer doppelt so langen Quaste abwärts.
Blütezeit: Fast das ganze Jahr, besonders im Winter und Frühjahr

Arbutus unedo Erdbeerbaum

Dieser immergrüne Strauch hat erdbeerähnliche Früchte. Auf diese Früchte mag sich auch der Artname unedo beziehen. Nach Plinius soll man satt sein, wenn man von den meist nur wenig geschätzten Früchten »eine« ißt (lat. unus – ein und lat. edo – ich esse). Wonach die Gattung benannt ist, ist ungeklärt. Möglicherweise stammt das Wort arbutus aus dem Keltischen.
Familie: Ericaceae – Heidekrautgewächse
Der Erdbeerbaum ist eine Charakterpflanze der mediterranen Macchie (Trockenstrauchvegetation) von Portugal bis Kleinasien. Man findet ihn auch an den oberitalienischen Seen.
Die hängenden Blütenstände haben kugelige cremefarbene Blüten, die an die von Maiglöckchen erinnern. Sehr hübsch sind auch die kirschgroßen warzigen scharlachroten Beeren. Blüten und Früchte gibt es nebeneinander am Baum; davon war z.B. auch schon Goethe auf seiner Italienreise beeindruckt. So appetitlich auch die Früchte aussehen, so wenig wohlschmeckend sind sie. Die Einheimischen stellen daraus Likör, magenstärkenden Schnaps und Obstwein her. Die Blätter benutzt man zum Gerben, Rinden und Blüten als Mittel gegen Darmerkrankungen, das Holz für die Herstellung von Holzkohle.
Blütezeit: Oktober bis Januar

Rhododendron degronianum   Japanische Alpenrose

Der Name Rhododendron setzt sich aus gr. rhodon – Rose und gr. dendron – Baum zusammen. Ursprungsgebiet dieser Art ist wie vieler anderer Japan. Sie heißt degronianum nach dem Direktor einer französischen Niederlassung in Yokohama Monsieur M. Degron (um 1869).
Familie: Ericaceae – Heidekrautgewächse
Es ist eine immergrüne winterharte Alpenrose von gedrungenem, aber sehr symmetrischem Wuchs. Sie wird wenig über 1 m hoch. Man erkennt diese Art einmal an den ziemlich langen Blättern (7–15 cm) mit dem eingerollten Rand. Sie sind oberseits glänzend, unterseits rostig-filzig. Wegen der Form der lockeren Blatthaare gehört dieser Rhododendron zu den Flockenhaarigen.
Die glockigen zartrosa Blüten haben schmale dunkelrote Rippen und sind sehr fein gepunktet. Bis 30 Blüten können in einem Bündel zusammenstehen.
Dieser Rhododendron ist als Gartenpflanze geeignet und verträgt auch mäßig trockenen Boden. In Kultur ist er besonders gut an die klimatischen Bedingungen in den östlichen USA angepaßt.
Blütezeit: Ende April bis Mitte Mai

Rhododendron X forsterianum (R. edgeworthii x veitchianum)
Rhododendron Forster

Dieser Rhododendron (gr. rhodon – Rose und gr. dendron – Baum) ist eine Hybride, genannt nach F. J. Reinhold Forster (1729–1798), einem deutschen Botaniker, der an Cooks Weltumseglung mit teilgenommen hat.
Stammeltern sind die zwei sogenannten schülferschuppigen Rhododendron-Arten R. edgeworthii und R. veitchianum. Die Namen beziehen sich auf den englischen Botaniker M. P. Edgeworth (1812–1881) und die englische Firma Veitch (Ende des 19. Jahrh.).
Familie: Ericaceae – Heidekrautgewächse
Beide Stammformen sind meist epiphytisch auf alten Bäumen lebende Sträucher von 2–3 m Höhe. Sie sind immergrün, aber bei uns nicht winterhart. Sie werden wie auch der Hybride als Kalthauspflanzen kultiviert.
Rhododendron edgeworthii stammt aus dem Himalaya von Bhutan und Sikkim (2000–3000 m). Seine Blätter sind dunkelgrün, oberseits blasig, unterseits rostig-filzig. Die Kelchblätter zeigen lange Behaarung. Die trichterförmigen Blüten sind zartrosa oder weiß. R. veitchianum ist in Thailand und Burma beheimatet. Hier sind die Blätter blaugrün und unterseits geschuppt. Die weiße breit-trichterförmige Krone hat gekräuselte Lappen. Die Hybride verbindet Merkmale beider Stammpflanzen und ist darüber hinaus anpassungsfähiger an ihre Umgebung.
Blütezeit: April/Mai

Rhododendron japonicum Japanische Azalee

Wörtlich heißt Rhododendron »Rosenbaum« (gr. rhodon – Rose und gr. dendron – Baum). Hauptverbreitungsgebiet dieser riesigen Gattung ist Südostasien bis Japan und Kamtschatka.
Die Bezeichnung Azalee kommt von gr. azaleos – dürr oder trocken; nach der Vorliebe der Pflanzen für durchlässige Böden ohne stauendes Wasser.
Familie: Ericaceae – Heidekrautgewächse
Ursprungsgebiete dieses 2–3 m hohen Busches sind Nord- und Mitteljapan. Er ist sommergrün; die Blätter sind im Herbst gelb bis leuchtend rot gefärbt. Die Blätter sind mit mikroskopisch kleinen Zotten und Drüsen besetzt, was für die Zugehörigkeit zu den Azaleen entscheidend ist. Früher hieß diese Pflanze auch Azalea mollis.
Ein Erkennungsmerkmal im Winter sind die fein bewimperten Schuppen der Knospen. Die Blüten erscheinen schon vor den Blättern. Die trichterförmigen Blüten haben Farben von gelb über lachsrosa bis karminrot; oft sind sie gepunktet.
Diese Art wird viel für Kreuzungen verwendet.
Blütezeit: April/Mai

Rhododendron obtusum »Hexe« Azalee Hexe

Die Gattung Rhododendron (gr. rhodon – Rose und gr. dendron – Baum) umfaßt ca. 1000 Arten. Diese Pflanze gehört zu den bei Blumenliebhabern recht bekannten Azaleen (abgeleitet von gr. azaleos – dürr, trocken), diese lieben zwar keine ausgesprochen trockenen Standorte, aber einen durchlässigen Boden ohne stauende Nässe.
Da die Blätter deutlich abgestumpft sind, hat die Azalee den Artnamen obtusum (lat. obtusus – stumpf) erhalten.
Familie: Ericaceae – Heidekrautgewächse
Schon 1645 wurden in Japan 322 Sorten dieser Azaleen kultiviert. Diese gingen dann im Laufe der Zeit als vielbewunderte japanische Azaleen in alle Welt.
Azaleen zeichnen sich durch ihre strichelhaarigen Blätter aus (mikroskopisch gesehen sind es zottige und drüsige Haare) und unterscheiden sich dadurch von den anderen Rhododendron-Gruppen. R. obtusum ist halbimmergrün, d.h. die Frühjahrsblätter fallen im Herbst ab, die kleineren und derberen Sommerblätter bleiben den Winter über grün.
Der nur 50–100 cm hohe Strauch ist dicht verzweigt und trägt kleine trichterförmige Blüten, die nach Form und Farbe variabel sind. Es gibt Sorten, die purpurrosa, purpurviolette und seltener weiße Blüten besitzen.
Blütezeit: April/Mai

Syringa vulgaris Gemeiner Flieder

Tabernaemontanus (um 1570) schreibt über den botanischen Namen Syringa (von gr. syrinx – Pfeife): »Das Wort bedeutet ein Pfeiff, dieweil man die Ästelein zu Pfeiffen brauchen kann, so das Mark wird herausgenommen«. Die hohlen Zweige der Gattung Philadelphus (Saxifragaceae), früher als Syringa bezeichnet, wurden als Pfeifen gebraucht. Mit vulgaris (von lateinisch allgemein) wird die häufigste Art benannt.
Der deutsche Name Flieder ist das niederdeutsche Wort für Holunder, nämlich Fleder; es wurde auf den Flieder übertragen, weil beide markgefüllte Zweige besitzen.
Familie: Oleaceae – Ölbaumgewächse
S. vulgaris, ein Strauch oder ein kleiner Baum, stammt aus dem Balkan und Westasien. Erst im 16. Jahrhundert gelangte er nach Mitteleuropa.
Man erkennt ihn im vegetativen Zustand an den eiförmig zugespitzten kahlen Blättern. Von großer Beliebtheit ist der Strauch wegen seiner farbenfreudigen mehr oder weniger duftenden Blütenrispen. Seit altersher ist der Flieder in Kultur. Es gibt heute über 500 Gartenformen, von denen allerdings der größte Teil nicht mehr kultiviert wird, weil höhere Ansprüche an Farbe und Blütenfülle bestehen. Verschiedentlich gibt es in Park- und Schauanlagen »Sammlungen« solcher Züchtungen, z.B. im Syringen-Park in Aalsmeer (Holland) oder im Botanischen Garten in Dortmund.
Blütezeit: Mai

Nerium oleander Oleander

Der italienische Lyriker und Politiker d'Annunzio (um 1900) schrieb, daß »die Oleander zweifacher Natur seien, sie vereinen Rosen und königlichen Lorbeer«. Auch Vergil hat den Oleander schon Rosa laurea, also Rosenlorbeer genannt. Eigentlich ähneln die Blätter mehr noch denen des Olivenbaums (lat. olea – Öl), wodurch der Artname zu erklären ist. Die Gattungsbezeichnung leitet sich aus gr. nerion von naros – fließend ab, weil der Oleander feuchte Standorte bevorzugt.
Familie: Apocynaceae – Hundsgiftgewächse
Der Oleander kommt im ganzen Mittelmeerraum einschließlich Nordafrika z.T. wild, meist aber kultiviert als Busch oder kleiner Baum vor. Wild wächst er in Gruppen, bevorzugt in den Kiesbetten der Sturzbäche oder an Wasserläufen. Trotzdem sind die harten Blätter gegen zu starke Verdunstung geschützt. Die herrlich roten Blüten sind bei den Zuchtformen farblich abgeändert (weiß, rot, orange, gelb) und mehr oder weniger gefüllt. Sie duften auch, was auf eine frühere Kreuzung mit dem wohlriechenden Oleander (N. odorum) zurückgeht. Interessant sind auch die langen schotenartigen Kapselfrüchte, die viele behaarte Samen enthalten.
Alle Teile des Oleanders sind aber giftig. Die Giftstoffe wirken auf das Herz ein und können durch Herzlähmung tödlich sein, ähnlich wie das Strophantin aus der Gattung Strophantus, die auch der Familie der Hundsgiftgewächse zugehört.
Oleander ist die älteste und auch bis heute noch beliebte Kübelpflanze, die bei uns allerdings nur in sonnigen Sommern zur Blüte kommt.
Blütezeit: Juni bis Oktober.

Stapelia grandiflora Großblumige Stapelie

Die Gattung Stapelia mit etwa 100 Arten erhielt ihren Namen zu Ehren des holländischen Arztes Johannes Bodaeus van Stapel (gest. 1636), der Theophrasts »Historia plantarum« ins Lateinische übersetzt hat. Die Großblumige Stapelie (lat. grandis – groß und lat. flos – Blume) trägt ihren Namen mit Recht, denn ihre Blüte erreicht einen Durchmesser bis 16 cm.
Familie: Asclepiadaceae – Schwalbenwurzgewächse
Die allermeisten Stapelia-Arten sind auf Süd- und Südwestafrika beschränkt und bewohnen dort trockenere Gebiete, wie die Sukkulenz (lat. succus – dicker Saft) ihrer Sprosse zeigt. Die fleischigen, kantigen Stengel haben Zähnchen und schuppenförmige Blättchen, die bald abfallen.
Stapelia grandiflora hat darüberhinaus tiefgewellte Sprosse. Es ist eine besondere Pracht, wenn sich aus dem nüchternen Stengel, meist an dessen Basis, für einige Tage die interessante sternförmige Blüte entfaltet. Sie hat eine Nebenkrone, ist purpurbraun gefärbt und mit langen aufrechten purpurnen Haaren besetzt. Man könnte meinen, die Blüte sei aus Stoff gewebt. Leider strömt die Blüte einen unangenehmen Aasgeruch aus, wodurch Schmeißfliegen zur Bestäubung angelockt werden. Die Fliegen legen auf der Blüte auch ihre Eier ab. Dadurch ist auch der Name Aasblume für Stapelia zu erklären.
Diese Art kommt im östlichen Kapland wild vor, wird aber auch in den Gärten Südafrikas gern angepflanzt, wo sie in der Sonne und im Halbschatten gedeiht.
Blütezeit: Sommer/Herbst

Hoya carnosa Wachsblume

Dieser windende Kletterstrauch hat immergrüne ledrige oder wachsartige Blätter. Auch die Blüten sind in ihren Teilen ziemlich steif und erscheinen wie aus Wachs geformt. Der wissenschaftliche Name ist bezogen auf Thomas Hoy, der Ende des 18. Jahrhunderts Gärtner des Herzogs von Northumberland/England war.
Die Blüten sind blaß-fleischfarben (lat. carnosus – fleischfarben).
In ihrer Mitte befindet sich sternartig ein rotes Gebilde (ein Gynostegium), bei dem Staubblätter und Stempel miteinander verbunden sind. Die gelblichen Anhängsel der Staubblätter bilden eine Nebenkrone.
Familie: Asclepiadeceae – Schwalbenwurzgewächse
Hoya carnosa stammt aus China und Australien (Queensland). Andere Arten kommen auch im Malaiischen Archipel und in Indien vor.
Die Wachsblume erfreut sich als Zimmerpflanze großer Beliebtheit. Sie braucht Helle und Wärme, aber liebt keine direkte Sonne. Man muß ihr die Möglichkeit zum Klettern geben. Schon die starr-glasigen Blätter sind dekorativ, aber umsomehr erfreuen den Blumenfreund die halbkugligen Dolden mit wohlriechenden, nektartriefenden Blüten. Wenn sich die Blütenknospen gebildet haben, sollte man die Pflanze etwas kühl halten (15–18° C) und nicht vom Platz verstellen, denn sonst fallen die Knospen ab.
Sproßstücke wurzeln in Erde leicht zu neuen Pflanzen.
Blütezeit: Mai bis Herbst

Burchellia bubalina   Burchellie, Büffelshorn

Der englische Botaniker W. J. Burchell (1781–1863) hat bei Reisen nach Südafrika und Brasilien neue Pflanzen nach England gebracht. In Würdigung seiner Person wurde diese Gattung Burchellia genannt. Die Artbezeichnung bubalina (lat. bubalus – Büffel, afrikanische Gazelle), in Africaans auch Buffelshoorn – Büffelshorn, beruht darauf, daß der hornähnliche Blütenkelch bleibt, wenn sich die holzige Frucht gebildet hat.

Familie: Rubiaceae – Krappgewächse oder Rötegewächse

Als immergrüner Baum oder großer Busch kommt Burchellia in Kapland, Natal und Transvaal (Südafrika) vor. Auch in Gärten wird der Baum gern angepflanzt und kann dort im Halbschatten oder fast im vollständigen Schatten wachsen.

Die herrliche Farbe seiner orange- bis lachsroten röhrigen Blüten hat ihm auch den volkstümlichen Namen »Wilde Granaat« – Wilder Granatapfel eingebracht. Darüberhinaus sind die Blüten in ihrer Bestäubung höchst interessant, weil sie ornithophil sind, d.h. durch nektarsaugende Vögel besucht werden. Die Blüten, in Büscheln angeordnet und meist nach unten gerichtet, sind für die Vogelbestäubung gut eingerichtet. Die Blütenröhre trägt innen einen Haarring, unterhalb dessen sich der Nektar befindet. Die Vögel (Nectariniden) klammern sich an der Basis des Blütenstandes fest und saugen kopfüber den Nektar. Mit den Schnäbeln bestäuben sie die Blüte. Manchmal brechen sie die Blütenröhre aber auch auf. Die Blüten sind duftlos.

Aus der Wurzel des Baumes wird von den Einheimischen ein Extrakt hergestellt, der als brecherregendes Mittel, als Liebestrank und zur Körperpflege verwendet wird.

Blütezeit: Frühling und Sommer, teilweise auch das ganze Jahr

Coffea arabica   Kaffeestrauch

Das Wort coffee geht zurück auf das arabische »khawa« oder das türkische »khave«. Vermutlich im 6. Jahrhundert n. Chr. wurden Kaffeesträucher aus dem Hochland von Äthiopien, der Heimat dieser Pflanze, nach Arabien gebracht und dort kultiviert. Das aus den Kaffeebohnen bereitete Getränk wurde von Sultanen und Philosophen hochgepriesen. 1000 Jahre später erreichte der Kaffee das Abendland. Der Prospero Alpino von Marostica veröffentlichte 1522 sein Werk »De Plantis Aegypti« und beschrieb als erster den Kaffeebaum. Der Samen wurde von ihm buna genannt, woraus sich unser Wort Kaffee-Bohne ableitet.
Familie: Rubiaceae – Krappgewächse oder Rötegewächse
Heute wird fast überall in den Tropen Kaffee angebaut. Ein Großteil der besten Kaffeesorten kommt heute aus Süd- und Mittelamerika.
Der Kaffee wächst als 1 bis 5 m hoher Strauch oder Baum. Meist wird er gestutzt, um den Ertrag zu steigern und das Pflücken zu erleichtern. Die Blätter sind ledrig-immergrün. Alljährlich bilden sich weiße sternförmige Blüten aus, die süßlich duften. Daraus entwickeln sich kirschähnliche, erst grüne dann rote Beeren mit zwei Samen, den Kaffeebohnen.
Die Inhaltsstoffe der gerösteten Bohnen vermitteln den von vielen Millionen Menschen geschätzten Kaffeegenuß. Grund dafür sind die Aroma- und Röststoffe und das anregende Coffein. Kaffee kann auch als Zierpflanze schön und interessant sein. Bemerkenswert ist, daß der Kaffeesamen unmittelbar nach der Reife ausgesät werden muß, sonst verliert er seine Keimfähigkeit.
Blütezeit: Spätsommer/Herbst

Phlox divaricata   Phlox, Kanadische Flammenblume

Diese Gartenblumen sind mehr unter dem Namen Phlox (gr. phlox – Flamme) als unter Flammenblume bekannt. Bei Phlox divariacata handelt es sich um eine besonders schöne Art, deren Blütenstand und deren Blütenblätter »auseinanderstrebend« aufgelockert wirken (lat. divaricare – auseinanderspreizen).
Familie: Polemoniaceae – Sperrkrautgewächse
Fast alle 60 Arten dieser Gattung stammen aus Nordamerika. Es gibt ein- und mehrjährige Pflanzen. Phlox divaricata ist mehrjährig und kommt in lichten Wäldern Kanadas (Quebec) bis in die Südstaaten der USA (Louisiana, Florida) vor.
Die Pflanze ist fein behaart. Die lockere Blütentraube ist reichblütig und setzt sich aus fahlpurpurblauen Blüten mit keilförmigen Kronblättern zusammen.
Diese niedrige Frühjahrsart ist wie die anderen Arten als Rabattpflanze geeignet. Ihre ästhetische Wirkung kommt dann besser zum Tragen, wenn die Pflanzen nicht mit anderen Gartenpflanzen gemischt gepflanzt werden sondern in Gruppen zusammenstehen.
Blütezeit: Mai bis Juli

Cobaea scandens Glockenrebe

Der spanische Jesuit und Naturwissenschaftler Barnabas Cobo (1582–1657) hatte viele Jahre in Mexiko und Peru gewirkt. Nach ihm hat man die aus Mexiko stammende Pflanze benannt. Es ist eine Pflanze, die mit Hilfe von Blattranken kräftig klettert (lat. scandens – steigend, kletternd). Die Blüten sind glockenförmig.
Familie: Polemoniaceae – Sperrkrautgewächse
In den tropischen Wäldern Mexikos klettert die mehrjährige Glockenrebe mit verholzenden Stengeln bis 10 m hoch. Bei uns wird sie meist nur einjährig gezogen; sie wächst rasch und ist kaum gegen Krankheiten und Schädlinge anfällig. Sie eignet sich als Kletterpflanze zur Begrünung von Gitterwerk, Pergolen, Lauben und Balkons.
Die Blütenglocken hängen an 15–25 cm langen Stielen zwischen zwei laubblattartigen Nebenblättern. Sie sind zuerst grün, später bläulich-violett und haben einen mehr oder weniger intensiven Kohlgeruch. Auch die Kelchblätter sind laubblattartig. In ihrem Ursprungsgebiet besuchen Fledermäuse die Blüten und bestäuben sie.
Als Zierpflanze muß sie reichlich gegossen, regelmäßig gedüngt und gut angebunden werden.
Blütezeit: Juni bis Oktober

Eritrichium nanum   Himmelsherold

Diese Polsterpflanze kommt in den Hochalpen zwischen 2500 und 3500 m Höhe vor. Der 1830 geprägte Name Himmelsherold nimmt sicherlich auf den Standort und auf die prächtige Blütenfarbe Bezug. Die Pflanze ist ein Rauhblattgewächs und stark wollig behaart (gr. erion – Wolle und gr. thrix – Haar). Sie erinnert an ein Vergißmeinicht, gehört aber zu einer eigenen Gattung mit 30 Arten. Ihr Wuchs ist sehr niedrig (lat. nanus – Zwerg).
Familie: Boraginaceae – Boretschgewächse oder Rauhblattgewächse
Die seidenglänzende Staude mit ihren lanzettlichen Blättern ist nur 2–5 cm hoch. Der Blütenstand ist drei- bis sechsblütig und von leuchtend blauer Farbe.
Diese Polsterpflanze ist durch die Behaarung und die stark verzweigte Pfahlwurzel hervorragend an extreme Standorte angepaßt. Man nimmt an, daß der Himmelsherold die Alpen schon vor den letzten Eiszeiten besiedelt und auf eisfreien Gipfeln überdauert hat.
Es ist eine ziemlich seltene und deswegen geschützte Gebirgspflanze der Spalten und Halden. Sie gedeiht in den Zentral- und Südalpen, in den Karpaten und im Kaukasus auf kalkarmen bis kalkfreien Böden. Ihr Vorkommen erstreckt sich auch in die arktische Region bis zum Kap Tscheljuskin am Nördlichen Eismeer.
Blütezeit: Juli/August

Clerodendron thomsonae   Thomsons Losbaum

Die deutsche Bezeichnung des Baumes, besser gesagt Kletterstrauches, ist eine wörtliche Übersetzung des wissenschaftlichen Namens. Clerodendron ist gebildet worden aus: gr. kleros – Los, Schicksal und gr. dendron – Baum. Die Erklärung dafür ist, daß es in dieser Gattung mit ca. 400 Arten einerseits Pflanzen gibt, die heilsame Wirkung haben, andererseits solche, die auf unser Schicksal nachteilige Wirkungen ausüben. Der Artname bezieht sich auf den englischen Botaniker Thomas Thomson (1817–1878), der Inspektor des Botanischen Gartens in Kalkutta war.
Familie: Verbenaceae – Eisenkrautgewächse
Heimat dieses Strauches ist das Kongogebiet Westafrikas. Die Stengel winden sich bis 4 m hoch; sie tragen gegenständige, kahle und an den Nerven gefurchte Blätter. In zahlreichen Trugdolden vereinigen sich prächtige farbenkontrastreiche Blüten, die lange ausdauern. Dadurch ist der Losbaum eine der beliebtesten Zierpflanzen in den Tropen, bei uns ist er ein herrlicher Warmhausschlinger. Wenn er entsprechend geschnitten wird, kann er auch als Topfpflanze gezogen werden (60–80 cm).
Die Blüten haben einen weißen, kronenartigen aufgeblasenen Kelch und scharlachrote Blüten mit schmaler Röhre. Die Staubblätter ragen sehr lang heraus. Zur Bestäubung werden langrüsselige Insekten, z.T. auch Vögel angelockt. Vögel übernehmen auch die Samenverbreitung.
Blütezeit: Vorrangig im Frühling

Petunia hybrida Gartenpetunie

Wie die Petunien gehört die Tabakpflanze zur Familie der Nachtschattengewächse. »Petun« ist der brasilianische Name für Tabak, d.h. die Ähnlichkeit im Blütenbau beider Gattungen war maßgebend für die Namensfindung. Die Gartenpetunien sind Hybride; in diesem Fall eine Kreuzung zwischen Petunia axillaris und Petunia violaceae.
Familie: Solanaceae – Nachtschattengewächse
Petunien sind bei uns beliebte Gartenpflanzen. Sie eignen sich als einjährige Blumen gut zur Pflanzung in Balkonkästen, da sie sehr anspruchslos sind. Die lange Blütezeit verdanken die gängigen Sorten vor allem der jahrzehntelangen Züchtung aus den Wildformen. Wild kommen die Petunien noch in ihrer Heimat Südamerika (Argentinien, Brasilien) vor. Seit 1830 sind sie in Europa bekannt. Engländer, Franzosen, Belgier und Deutsche (Erfurt, Quedlinburg), später auch Japaner waren an der Züchtung beteiligt.
Die hübsche trichterförmige Blütenkrone, die aus einem fünfteiligen Kelch herausragt, kann nach Größe, Form (gefüllt, ungefüllt) und Farbe sehr variabel sein. Interessant ist, daß die Art der Musterbildung durch Umweltbedingungen (Temperatur, Licht) in frühen Wachstumsstadien beeinflußt wird. Die Blätter und Stengel sind klebrig-weichhaarig.
Blütezeit: Ab Mitte Mai bis Herbst

Melampyrum cristatum   Kamm-Wachtelweizen

Melampyrum kommt aus dem Griechischen, und zwar bedeuten melas – schwarz und pyros – Weizen. Die Samen des Wachtelweizens ähneln den Weizenkörnern, sind aber nicht schwarz, sondern machten das Brot dunkler, wenn sie dem Mehl beigemischt wurden. Die Samen sind weniger bei den Wachteln als bei den Ameisen begehrt, da sie ein nahrhaftes Anhängsel besitzen. Da die Tragblätter im unteren Teil kammartig gezähnt sind, heißt die Pflanze Kamm-Wachtelweizen (lat. cristatus – mit einem Kamm versehen).
Familie: Scrophulariaceae – Braunwurzgewächse oder Rachenblütler
Die in vierkantigen dichten Ähren stehenden Blüten bieten durch ihre Mehrfarbigkeit (Purpur und Rot mit Gelb) bei näherer Betrachtung einen reizvollen Anblick. Als Halbschmarotzer ist die Pflanze auf Wirtspflanzen (Holzgewächse) angewiesen.
Der Kamm-Wachtelweizen ist an trockenen, buschigen Hängen, an Waldrändern und bisweilen auf Wiesen bis in die Voralpentäler verbreitet. Süd- und Mitteldeutschland werden bevorzugt. Die Pflanze ist in fast ganz Europa, außerdem in Nordasien anzutreffen.
Blütezeit: Mai bis August

Mimulus luteus »Tigrinus grandiflorus« Getigerte Gauklerblume

Das lateinische Wort mimulus ist die Verkleinerungsform von mimus – Schauspieler, Gaukler. Der hübsche Name »Kleiner Gaukler« bezieht sich wohl darauf, daß die Blüten dieser Gattung sehr verschiedene Formen, Färbungen und Zeichnungen haben, vergleichsweise so wie ein Schauspieler sich immer wieder in einer anderen Rolle präsentiert. Mancherorts wird die Pflanze auch Affenblume genannt, weil man in der Blüte die Form eines Affenkopfes erkennen könnte; darüberhinaus ist auch der Vergleich mit dem Affen als Nachahmer naheliegend. Die Grundfärbung der Krone dieser großblütigen Mimulus luteus Sorte ist gelb (lat. luteus – gelb) mit lebhafter Tigerung und unregelmäßigen Flecken.

Familie: Scrophulariaceae – Braunwurzgewächse oder Rachenblütler

Die Gauklerblume hat eine typische Rachenblüte. Das Insekt wird durch die Saftmalpunkte angelockt und muß sich, um zum Nektar zu gelangen, regelrecht in die Blütenöffnung hineinzwängen, denn die gewölbte Unterlippe verschließt den Eingang. Man spricht auch von einer maskierten Rachenblüte. Eine weitere botanisch interessante Eigenschaft haben die Narben. Diese bestehen aus zwei Plättchen, die sich bei der geringsten Berührung schließen und damit den von dem Insekt möglicherweise mitgebrachten Blütenstaub »vereinnahmen«.

Die Pflanze stammt aus den gemäßigten Klimaten Amerikas und hat sich bei uns seit dem letzten Jahrhundert als Gartenpflanze eingebürgert. Im Garten stellt diese 20–30 cm hohe Staude mit ihrer üppigen Sommerblüte eine Bereicherung dar. Vielerorts ist sie auch verwildert und findet sich dann an Uferrändern und im Halbschatten.

Blütezeit: Bei überwinterten Pflanzen Mai bis Juli

Penstemon-Hybride   Penstemon, Bartfaden

Dem Namen liegt ein weitgehend wissenschaftliches Kriterium zugrunde. Bei den Braunwurzgewächsen kann man stammesgeschichtliche Verwandtschaftsbeziehungen und Entwicklungsreihen u.a. auf Grund der Zahl der Staubblätter herstellen. Die Blüten der Königskerze haben z.B. 5, die des Fingerhutes 4 und die des Ehrenpreis 2 Staubblätter. Das Wort Penstemon setzt sich zusammen aus gr. pente – fünf und gr. stemon – Staubblatt. Es sind 4 funktionsfähige Staubblätter und ein steriles fadenförmiges vorhanden. Durch verschiedene Kreuzungen sind Hybriden entstanden, die im Blumenhandel angeboten werden. In der Natur sind Kreuzungen selten, da die einzelnen Arten hinsichtlich der Bestäubung (z.T. durch Vögel) und ihrer Umweltansprüche sehr stark spezialisiert sind.
Familie: Scrophulariaceae – Braunwurzgewächse oder Rachenblütler
Diese formenreiche Gattung mit 250 Arten ist vor allem im westlichen Nordamerika und in Mexiko heimisch. 1825 kamen die ersten Pflanzen aus Mexiko nach Europa. Bei uns ist Penstemon eine geeignete Pflanze für den Staudengarten. Die Staude wird 30–80 cm hoch und schmückt durch ihre 20–40 blütige Rispe mit den trichterförmigen farbenprächtigen Blüten. Es ist auch eine ausgezeichnete Schnittblume. Sie ist aber frostempfindlich, so daß die unterirdischen Teile überwintert werden müssen. Nur in den wärmeren Gebieten Europas, z.B. in Italien, können die Pflanzen draußen überwintern und mehrere Jahre alt werden.
Blütezeit: Juli bis zum ersten Frost

Spathodea campanulata Afrikanischer Tulpenbaum

Der im tropischen Ostafrika heimische Tulpenbaum hat schiefglockenförmige tulpenähnliche Blüten (lat. campanulata – glockenartig), die nach oben gerichtet sind. Bei den Pflanzen der Ordnung Spathiflorae, wozu z.B. der Aronstab und die Calla gehören, ist der kolbenartige Blütenstand durch ein auffälliges Hochblatt, die Spatha (lat. spatha – Säbel), umschlossen. Beim Tulpenbaum erinnert der tütenförmige schiefe Kelch auch an eine Spatha. Spathodea heißt wörtlich schwertartig, spathaähnlich (gr. -odes – -artig).
Dieser Tulpenbaum ist aber nicht mit dem Tulpenbaum aus China verwandt.
Familie: Bignoniaceae – Bigoniengewächse
Er ist ein ansehnlicher immergrüner Baum, der über 20 m hoch werden kann. Wegen seiner prächtigen Blüten wird er auch als »Flamme des Waldes« bezeichnet und ist schon längst in den gesamten Tropen und am Rande der Subtropen zum Zierbaum geworden. Er wird speziell auch im nördlichen Südafrika angepflanzt. Besonders bemerkenswert ist die Bestäubung durch Vögel und teilweise auch Fledermäuse. Durch die Becherform der karmesinroten gelbgesäumten Blüten werden die Tiere angelockt. Die Vögel berühren mit der Kehle und mit den Brustfedern die seitlich anliegenden Bestäubungsorgane, um zum Nektar im Becher zu gelangen. Der Nektar wird durch Regenwasser immer wieder verdünnt und wird damit zum Nährboden für Bakterien und Pilze, auch manches Insekt ertrinkt in diesem Nektarsee. Gär- und Pilzgerüche verbreiten sich dann aus der Blüte. Die Blüten öffnen sich am Morgen und halten sich etwa drei Tage.
Blütezeit: Juni

Thunbergia grandiflora   Großblütige Thunbergie

In Würdigung der Verdienste des schwedischen Botanikers Karl Pehr Thunberg (1743–1822) wurde diese Gattung Thunbergia genannt. Thunberg war in Uppsala Nachfolger Linnés, bereiste viele Gebiete und schrieb die »Flora Capensis« und »Flora Japonica«.
Diese Art ist mit 7–8 cm breiten Blüten eine der großblütigsten (lat. grandis – groß und lat. flos – Blüte).
Familie: Acanthaceae – Akanthusgewächse
Diese Thunbergie ist ein ausdauernder Schlingstrauch, der aus seiner Heimat Bengalen (Nordindien) in zahlreiche tropische Länder gelangt ist. Bei uns kann man in luftigen hellen Warmhäusern diesen Strauch zum Blühen bringen, wenn man ihm genügend Platz zum Hochklettern bietet.
Die Blätter sind immergrün, die unteren eiförmig, die oberen lanzettlich. Die großen Blüten strahlen in einem herrlichen Hell- und Dunkelblau. Der Kelch ist nur als schmaler Wulst ausgebildet. Dafür sind vor dem Aufblühen Krone und Kelch von zwei großen Vorblättern eingehüllt, die bald abfallen.
Es gibt ungefähr 100 Arten, die außer in Asien auch im südlichen Afrika und auf Madagaskar verbreitet sind und neben blauen auch gelbe, weiße und purpurne Blüten besitzen.
Blütezeit: Sommer/Herbst

Saintpaulia ionantha Usambaraveilchen

In den Usambarabergen des tropischen Ostafrikas (Tansania) hat diese bei uns sehr geschätzte und bekannte Topfpflanze ihre natürliche Verbreitung. Walter von Saint-Paul-Illaire (1860–1910) war zeitweilig Bezirkshauptmann von Usambara und Entdecker dieser Gattung, die jetzt seinen Namen trägt. Das Aussehen der Blüte erinnert entfernt an ein Veilchen; aber dies war ausschlaggebend für die botanische und deutsche Benennung dieser Art (gr. ion – blaues Veilchen und gr. anthos – Blüte).
Familie: Gesneriaceae – Gesneriengewächse
Auch wenn diese Pflanze bei uns durch Massenanzucht alltäglich geworden ist, begeistert sie immer wieder durch ihre Schönheit. Fast das ganze Jahr über entfalten sich die Blüten in lockeren Dolden. Die Blüten zeigen sich durch Züchtungen inzwischen in den verschiedensten Farben, in hell- und dunkelblau, violett, rosa und weiß. Es gibt auch gefüllte Sorten. Im Mittelpunkt der Blüte stehen zwei funktionstüchtige und zwei sterile Staubblätter. Zwischen tiefblauen Kronenblättern heben sich die gelben Staubblätter besonders kontrastreich ab.
Die rundlichen, fleischigen, behaarten Blätter sitzen an zerbrechlichen Stielen und sind rosettenartig angeordnet.
Die Pflanzen sind an sich anspruchslos. Sie blühen umso länger, wenn sie keine direkte Sonne bekommen und wenn sie im Sommer schattig, im Winter mehr im Licht wachsen können. Das entspricht ihrem natürlichen Lebensraum in Ostafrika.
Blütezeit: ganzjährig

Sambucus nigra Schwarzer Holunder

Der Holunder hieß althochdeutsch holantar oder holuntar. Die Nachsilbe -tar wurde neuhochdeutsch zu -der, was soviel wie Baum bedeutet (vergleiche auch Wacholder und Maßholder). Man weiß nicht, ob die Anfangssilbe von hohl (das Mark im Stamm schwindet) oder von Frau Holle abgeleitet worden ist. An Volksnamen ist eine große Anzahl gebräuchlich; die Benennung Flieder erscheint nur im Niederdeutschen. Sambucus kommt schon im 1. Jahrhundert n. Chr. als Gattungsname bei Plinius vor, doch ist die Herkunft ungewiß. Niger ist lateinisch schwarz entsprechend der Farbe der Beeren.
Familie: Caprifoliaceae – Geißblattgewächse
Der Holunder findet sich als ein etwa 3–8 m hoher Strauch oder Baum in Hecken, Gebüschen, Wäldern, an Bächen und in Gärten. Verschiedene Vogelarten (Krähen, Amseln, Stare usw.) sorgen für die Verbreitung. Der Stamm hat eine rissige Rinde und in der Jugend grüne Zweige, die mit weichem weißen Mark gefüllt sind. Stark duftende weiße Blätter bilden flache Trugdolden. Die unpaarig gefiederten Laubblätter brechen sehr früh vor den Blüten aus.
Der Holunder ist eng mit dem Volksglauben verwachsen. Den Germanen galt er als Sitz eines gutmütigen Hausgeistes, den man ehren mußte. Der Frau Holle als Hausbeschützerin war der Holunder heilig.
Durch das Mittelalter bis zum heutigen Tag hat sich in der Anwendung der Pflanze in der Volksheilkunde wenig geändert. Die Blüten, die Beeren, die Blätter, die Stammrinde und die Wurzeln werden verwendet. Besonders die Früchte sind wegen ihres Gehalts an Säuren, Bitterstoffen und Gerbstoffen heilkräftig; sie haben leicht abführende Wirkung. Bereits in der Steinzeit haben die Menschen Holunderbeeren zum Färben und für Mus verwendet.
Die Pflanze ist in fast ganz Europa bis hin zum Kaukasus und Westsibirien verbreitet.
Blütezeit: Juni/Juli

Viburnum opulus »roseum« Gefüllter Gartenschneeball

Viburnum lantana nannten schon die alten Römer den Wolligen Schneeball. Vielleicht ist viburnum von lat. viere – flechten oder von lat. vimen – Gerte und lantana von lat. lentare – biegsam machen abgeleitet. Dies alles wegen der langen biegsamen Zweige des Schneeballs. Früher nannte man ihn deshalb auch Schlingbaum.
Bei Viburnum opulus handelt es sich aber um den Gemeinen Schneeball, der sich in den Blättern, Blüten und Früchten von V. lantana unterscheidet. Opulus ist lateinisch die Bezeichnung für Maßholder oder Feldahorn, dessen Blätter denen des Gemeinen Schneeballs ähneln.
Familie: Caprifoliaceae – Geißblattgewächse
V. opulus ist ein Strauch des kühl-gemäßigten Eurasiens und bei uns an Waldrändern und in Hecken nicht selten. Im Herbst fällt er durch sein prächtig rotes Laub und seine roten Steinfrüchte auf.
Schon seit Mitte des 16. Jahrhunderts hat dieser Strauch in unseren Gärten als Zierpflanze Fuß gefaßt. Um diese Zeit schrieb ein Botaniker namens Tragus folgendes: »... die Schwelcken (Schneeballen) haben zu ringsumbher große weiße Violen, die sind umb die anderen kleinen weißen gestirnten Blümlein als Hüter oder Wächter gesetzt ...«
Gemeint ist damit, daß die schirmförmige Scheindolde innen fruchtbare Blüten und außen unfruchtbare Randblüten besitzt, die als Schauorgane dienen. Durch Züchtung wurden, wie im Fall der Varietät »roseum«, Pflanzen mit ballförmigen Scheindolden und durchweg großen sterilen Schaublüten ausgewählt. Hier ist also bloße Schönheit anstelle biologischer Bedeutung getreten.
Blütezeit: Mai/Juni

Platycodon grandiflorum Ballonblume

Auf Grund botanischer Merkmale im Bau der Staubblätter und der Frucht gehört die Gattung Platycodon mit nur einer Art nicht zur eigentlichen Gattung Glockenblume (Campanula). Doch heißt Platycodon nichts anderes als die breite Glocke (gr. platys – breit und gr. kodon – Glocke). Die Pflanze ist großblütig (lat. grandis – groß und lat. flos – Blüte).
Recht einprägsam ist der deutsche Name Ballonblume wegen der ballonartig aufgeblasenen Knospen.
Familie: Campanulaceae – Glockenblumengewächse
Diese exotisch anmutende Pflanze kommt aus Ostasien (China, Sibirien, Korea, Japan). Sie ist bei uns als Rabatt- und Staudenpflanze ein dankbarer Blüher im Hochsommer und verlangt dabei guten Boden und Halbschatten. Die bis 1 m hoch aufrecht wachsenden Stengel tragen die fast schalenförmigen blauen dunkelgeaderten Blüten.
Der Wurzelstock lieferte in China eine wichtige Droge.
Blütezeit: Juli/August

Codonopsis ovata Glockenwinde

Alles dreht sich bei dem deutschen und dem botanischen Namen um die bestimmte Glockenform der Blütenkrone (gr. kodon – Glocke und gr. opsis – Aussehen sowie lat. ovatus – eiförmig). Der 30–50 cm lange Stengel ist zunächst niederliegend, dann aber aufsteigend windend.
Familie: Campanulaceae – Glockenblumengewächse
Von den 50 ostasiatischen Arten stammt Codonopsia ovata aus dem westlichen Himalaya.
Aus dem knolligen Wurzelstock dieser Pflanze entwickeln sich die Stengel mit filzig-behaarten Blättern und später mit den glockenförmigen zartblauen Blüten. Diese hängen meist zu zweit nach abwärts und strömen einen wenig angenehmen Geruch aus.
Aber das markant gefärbte Blüteninnere, das den Insekten als Wegweiser zu den Nektarien dient, ist einer genauen Betrachtung wert. Die schönen und interessanten Zeichnungen sollte sich der Blumenliebhaber genauer ansehen, weil das eigentlich der Hauptreiz der Pflanze ist. Man sollte deshalb die Glockenwinde im Garten so pflanzen, daß man die Blüten von der Nähe bewundern kann.
Blütezeit: August

Lobelia cardinalis Kardinalslobelie, Kolibriblume

Namengebend für diese Gattung war der Botaniker und Arzt Mathias de l'Obel (1538–1616), latinisiert zu Lobelius.
Lat. cardinalis heißt soviel wie hauptsächlich oder wichtig. Mit dem Namen Kolibriblume ist bereits der Hinweis gegeben, daß Vögel die Bestäubung vollziehen.
Familie: Campanulaceae – Glockenblumengewächse
Es gibt 365 Lobelia-Arten in gemäßigten und wärmeren Zonen. Der natürliche Lebensraum der Kardinalslobelie ist das südliche Nordamerika bis zum Golf von Mexiko. Dort wächst sie auf nassen Böden, an Fluß- und Seeufern.
Bei uns hat diese Staude, die bis 120 cm hoch wird, Eingang in den Ziergarten zwischen Sommerblumen und Rabattpflanzen gefunden. Sie braucht Sonne und reichlich Wasser. Die Pflanze ist nicht winterhart; der Wurzelstock muß also im Spätherbst herausgenommen werden.
Die Blüten, in verlängerten Trauben angeordnet, sind meist brennend scharlachrot. Die schiefe Krone ist auf dem Rücken weit aufgeschlitzt und zweilappig. Farbe und Blütenbau bieten die Voraussetzung für eine Bestäubung durch Vögel (Kolibris).
Da bei uns die bestäubenden Vögel fehlen, müssen zur Samengewinnung die Blüten künstlich bestäubt werden.
Am Kilimandscharo gibt es baumförmige Lobelien mit unzähligen Blüten, die der Vogelbestäubung vollendet angepaßt sind.
Blütezeit: Juli bis September

Helianthus annuus Sonnenblume

Helianthus wurde aus den griechischen Wörtern helios – Sonne und anthos – Blume von Linné geprägt. Der große Blütenkorb gleicht einer Sonne. Darüberhinaus führt die Pflanze heliotropische Bewegungen aus, d.h. die Blütenstände wenden sich stets der Richtung des stärksten Lichtes zu. Der Artname annuus weist auf die Einjährigkeit der Pflanze hin.

Familie: Asteraceae (Compositae) – Korbblütler

Aus einer Faserwurzel erhebt sich eine bis mehrere Meter hohe Pflanze, deren Stengel mit Mark angefüllt ist. Am Ende stehen ein oder mehrere Blütenstände. In einem »Korb« können bis zu 2000 bräunlich-gelbe Scheibenblüten sein, die von Bienen, Hummeln und Fliegen bestäubt werden. Die Früchte, die Sonnenblumenkerne, enthalten ein wertvolles Öl. Sie sind für viele Vögel eine willkommene Nahrung.

Die Sonnenblume ist in Mexiko beheimatet und im 16 Jahrhundert als Kulturpflanze nach Europa eingeführt worden. Während sie bei uns in Deutschland mehr Gartenpflanze blieb, ist sie im trockenen kontinentalen Südeuropa und in Rußland heute noch eine wichtige weitverbreitete Ölpflanze.

Blütezeit: Juli bis Oktober

Helichrysum bracteatum   Garten-Strohblume

Der botanische Name Helichrysum ist wohl von den griechischen Wörtern helios – Sonne und chrysos – Gold abzuleiten, da es in dieser Gattung viele Pflanzen mit gelben Blütenköpfen gibt. Die Artbezeichnung bracteatum (von lat. bratteatus oder bracteatus – dünnes Blättchen) stellt heraus, daß am Blütenkopf zahlreiche Hüllschuppen dachziegelartig angeordnet sind. Diese Hüllschuppen, von denen die inneren eine gelenkig abgebogene Spitze besitzen, werden im Blütenverlauf und danach völlig trockenhäutig. Daher der Name Strohblume.
Familie: Asteraceae (Compositae) – Korbblütler
An den krautigen ein- bis zweijährigen Pflanzen fällt die filzige Behaarung auf. Die Blütenköpfe stehen einzeln oder in Doldentrauben. Sie sind lebhaft gefärbt und verändern sich nach dem Schnitt nicht. So erfreuen sie sich als Trockenblumen großer Beliebtheit. Sie werden oft in reizvollen Arrangements zusammengesteckt.
Von den etwa 300 Arten der Gattung wachsen in Europa und den Mittelmeerländern 25. Australien und Neuseeland weisen 61 Arten auf. Der Rest lebt in Afrika, besonders im Kapland.
Blütezeit: Juli bis Oktober

Centaurea macrocephala Kaukasische Flockenblume

Nach der griechischen Sage soll der kräuterkundige Kentaure Chiron Flockenblumen wegen ihrer heilkräftigen Eigenschaften sehr geschätzt haben. Aus kugelförmigen großen Blütenköpfen (gr. makros – lang, groß und gr. kephale – Kopf) ragen die duftig flockigen Röhrenblüten heraus.
Diese Art stammt von den subalpinen Wiesen des Kaukasus.
Familie: Asteraceae (Compositae) – Korbblütler
Entsprechend ihres natürlichen Standorts findet man diese Pflanze z.B. in einem Alpinum eines Botanischen Gartens oder in Wildstaudenpflanzungen.
Die Staude wird 40–90 cm hoch und wirkt durch den dicken, gefurchten Stengel und den bis 9 cm breiten Blütenkopf sehr wuchtig. Der Blütenkopf erinnert an eine Distel, mit der die Flockenblume auch eng verwandt ist. Die Hüllblätter sind trockenhäutig und haben fransig-geschlitzte Anhängsel. Eine große Zahl von Röhrenblüten hat sich wie eine goldgelbe Perücke aus dem »Blütenkorb« herausgehoben.
Blütezeit: Juli/August

Zinnia elegans Schmuckzinnie

In Würdigung des Göttinger Botanikers Johann Gottfried Zinn (1727–1759) erhielt diese Gattung den Namen Zinnia. Die häufigste von ca. 15 Arten ist Zinnia elegans (lat. elegans – geschmackvoll) in vielen Zuchtsorten.
Familie: Asteraceae (Compositae) – Korbblütler
Zinnien sind rein amerikanischen Ursprungs, von Nord- über Mittel- bis Südamerika.
Die Schmuckzinnie stammt aus Mexiko und ist einjährig. Sie ist von jeher eine beliebte Pflanze für Blumenbeete und als Schnittblume. Die steifen aufrechten Stengel ermöglichen eine Wuchshöhe bis 1 m. Die Köpfchenstiele sind konisch und hohl, weshalb nach einer Belastung der Blütenkopf leicht abknicken kann. Die Blütenkörbchen haben röhrige gelbe Scheibenblüten, die von farbenprächtigen Strahlenblüten umgeben werden. Purpurrot, Scharlachrot, Schwefelgelb, Weiß und andere Farben treten bei den Zuchtsorten auf. Außerdem werden dahlienblütige Riesen und Liliput-Zinnien gehandelt.
Wenn Zinnien im Boden reichlich Wasser und Nährstoffe sowie warme Umgebung haben, gedeihen sie bei uns üppig und treiben immer wieder mit neuen Blütenständen aus.
Blütezeit: Juli bis Ende September

Cosmos bipinnatus Cosmee, Schmuckkörbchen

Die hübschen Blütenkörbchen zwischen den feingliedrigen Blättern machen die Pflanze zu einem Schmuckstück im Garten (gr. kosmos – Schmuck). Die Blätter sind dünn gefiedert, genauer gesagt doppelt fiederschnittig (lat. bi – zweifach und lat. pinnatus – befiedert).
Familie: Asteraceae (Compositae) – Korbblütler
Cosmeen kommen im wärmeren Amerika von Bolivien bis Arizona vor und sind dabei vor allem in Mexiko verbreitet. Von dort stammt auch diese einjährige Art unserer Gärten.
Jede Pflanze hat bis zu 6 große Blütenstände und kann eine Höhe von 150 cm erreichen, so daß sie oft in Blumenbeeten andere Pflanzen überragt. Die röhrigen fruchtbaren Scheibenblüten werden von sterilen Strahlenblüten umgeben, die außer in einem Tiefrosenrot auch in anderen Farben, wie z.B. in Weiß, Hellrosa und Lilarosa als Zuchtformen vorliegen.
Das zierliche Blätterwerk und die farbenfreudigen Blüten machen die Cosmeen auch zu beliebten Schnittblumen.
Interessant ist noch, daß sie eine sogenannte Kurztagspflanze ist, die eine kritische Tageslänge bei 14 Stunden für die Blütenbildung benötigt. Werden die Cosmeen schon im März/April gesät, blühen sie im frühen Sommer, sonst erst im Herbst.
Blütezeit: Sommer/Herbst

Brachycome iberidifolia Brachycome

Der Name leitet sich von einem speziellen botanischen Merkmal ab. Die Einzelblüten der Korbblütler haben meist nur einen sehr unscheinbaren Kelch, Pappus genannt, der aber später an der reifen Frucht bleibt und teilweise, zur besseren Verbreitung der Frucht durch den Wind, vergrößert wird. Der Pappus von Brachycome besteht aus sehr kurzen Borstenhaaren (gr. brachys – kurz und gr. kome – Haar). Die Blätter ähneln denen der Schleifenblume (lat. iberis).
Familie: Asteraceae (Compositae) – Korbblütler
Diese einjährige Pflanze stammt aus Australien. Sie ist von niederem Wuchs (ca. 30 cm) und stark verästelt. Die Strahlenblüten im Blütenkorb laufen von der Mitte in lange feine Enden aus. Es gibt verschiedene Blütenfarben. Als Zuchtformen werden sie mit Blausternchen, Rotsternchen oder Schneesternchen bezeichnet. Die Blüten verbreiten einen angenehmen Duft.
Brachycome, eine beliebte Sommerblume, pflanzt man an sonnige Standorte als Einfassungen von Beeten, in Steingärten oder als Topfpflanze.
Blütezeit: Juli bis September

Tulipa acuminata   Zugespitzte Tulpe

Das Wort Tulipa (deutsch Tulpe) ist im Sprachwandel aus dem Persischen von dolbend – Turban über toliban entstanden. Mit acuminata (von lat. acumen – Spitze) wird bei dieser Art auf die zugespitzten Blütenblätter abgehoben.
Familie: Liliaceae – Liliengewächse
Tulpen sind in Asien und Nordafrika ursprünglich. Die genaue Entwicklung unserer Gartentulpen ist historisch nicht belegt. Man weiß nur, daß es um 1000 n. Chr. bereits die ersten Gartenformen gegeben hat. Vermutlich sind unsere Tulpen aus verwilderten Exemplaren hervorgegangen. T. acuminata ist um 1813 aus der Türkei eingeführt worden.
Der Stengel ist 30–40 cm hoch und trägt graugrüne längsgefleckte Blätter. Die Blüten treten in Granatrot, Gelb, Weiß oder Bunt auf. Man erkennt diese Art nicht nur an den kurzen Spitzen sondern auch an der etwas gewellten Form der Blütenblätter. Die Staubblätter sind ziemlich kurz.
Blütezeit: April

Gladiolus segetum   Acker-Siegwurz

Gladiolen sind uns als Gartenpflanzen hinreichend bekannt. Bei G. segetum handelt es sich noch um eine u.a. in Südeuropa wildwachsende Ackerblume, wie auch der Artname erkennen läßt (lat. seges – Saatfeld, Acker). Von den schwertförmigen Blättern leitet sich die botanische Bezeichnung Gladiolus ab (lat. gladiolus – kleines Schwert).
Zum Verständnis des deutschen Namens Siegwurz (für alle Gladiolen) muß noch erwähnt werden, daß die Gladiolenknolle zum Schutz von einem zähen Fasergeflecht locker umgeben ist. Paracelsus (um 1520) schrieb: »Also die Siegwurz hat Geflecht um sich wie Panzer, daß ist ein Zeichen, daß sie behüt' vor Waffen wie ein Panzer.« So trugen nach der Überlieferung die Soldaten im 15. und 16. Jahrhundert die »Siegwurzel« wie ein Amulett um den Hals, um sich zu schützen und um zu siegen. Auch vor den Anfechtungen durch die Hexen und bösen Geister sollte die Siegwurzel behüten.
Familie: Liliaceae – Liliengewächse
Diese hübsche Ackerpflanze wird nicht höher als 50 cm. Der Blütenstand ist eine Ähre mit prächtig purpurnen Blüten, deren gekrümmte Röhre sich rachenförmig öffnet. Die Pflanze hat sich von Turkestan und dem Iran aus im ganzen Mittelmeergebiet verbreitet. Ihre Nordgrenze hat sie in Südtirol und in der Schweiz. In wärmeren Teilen der USA hat sie sich gelegentlich als cornflag (Getreideschwertlilie) eingebürgert.
Blütezeit: April/Mai

Gloriosa rothschildiana   Gloriose

Pflanzen mit Blüten von dieser auffallenden Schönheit haben mit Recht den Namen Gloriosa erhalten (lat. gloriosus – ruhmvoll). Für den Artnamen stand das Ende des 18. Jahrhunderts gegründete Bankhaus Rothschild Pate.
Familie: Liliaceae – Liliengewächse
Die Heimat dieser Gloriose ist das tropische Afrika (Ost- und Zentralafrika, Nigeria, Senegal). Bei uns wird sie in Blütenhäusern und als Zimmerpflanze kultiviert. Sie kann an sonnigen Standorten auch im Freien gedeihen, nur muß man im Herbst die Knollen zur frostfreien Überwinterung herausnehmen. Die Pflanze klettert und hat zum Anhaften Blätter, deren Spitze in eine Ranke ausläuft.
Die prächtigen dunkelrot mit gelb gezeichneten 6 Blütenblätter gewinnen durch ihre grazile Form. Sie sind gewellt und stehen schwebend ab. Die 6 Staubblätter sind schwungvoll nach unten gerichtet und tragen linealische schwebende Staubbeutel. Der knieförmig abgebogene Griffel geht in 3 Narbenäste über.
Blütezeit: Juli/August

Hippeastrum vittatum   Ritterstern, Amaryllis

Ritterstern ist die wörtliche Übersetzung des botanischen Gattungsnamens Hippeastrum (gr. hippeus – Ritter und gr. astron – Stern). In den großen trichterförmigen Blüten sitzt im Schlund ein Krönchen (lat. vittatus – mit einer Binde versehen). Die Gattung wurde von Linné (um 1750) Amaryllis benannt (abgeleitet von gr. amaryssein – funkeln lassen). Die Systematiker haben jedoch später in der Gattung Amaryllis nur noch die südafrikanische Amaryllis belladonna belassen, die übrigen ca. 60 Arten der neuen Gattung Hippeastrum zugeordnet. Im Gartenbau und bei Blumenfreunden werden die Rittersterne nach wie vor noch als Amaryllis bezeichnet.
Familie: Amaryllidaceae – Amaryllisgewächse
In den waldigen Felsgebieten Brasiliens und in den Anden Perus kann man diese Pflanzen noch an ihrem natürlichen Standort finden.
Aus einer kugeligen Zwiebel schiebt sich nach der Ruhezeit zunächst der röhrige hohle Schaft, an dem sich 2–6 Blüten entwickeln. Es gibt verschiedene Sorten in Rot, Gestreift oder Weiß. Dann folgen die riemenförmigen Blätter.
Um die Pflanzen auch im nächsten Jahr wieder zum Blühen zu bringen, sollten sie ab Mitte August für reichlich zwei Monate absolut trocken gehalten werden; dann kann der Blütenschaft zu Weihnachten austreiben.
Rittersterne haben eine intensive Züchtung durchgemacht. Beispielsweise bot eine holländische Firma 1863 schon 350 verschiedene Hippeastrum-Hybriden an.
Blütezeit: Zeitiges Frühjahr bis Sommer (in freier Natur)

Eichhornia crassipes Wasserhyazinthe

Hinter dem Namen Wasserhyazinthe verbirgt sich keine Verwandtschaft zu den gleichnamigen Liliengewächsen. Nur die Ähnlichkeit des Blütenstandes führte wohl zu diesem Vergleich.
Die Gattung heißt nach dem preußischen Minister und Kultursenator J. A. Fr. Eichhorn (1779–1856).
Die Pflanze lebt meist freischwimmend. Dafür stellen die am Grunde blasenartig angeschwollenen Blattstiele mit schwammigem Gewebe eine Anpassung an diese Lebensweise dar. Daher auch der Name crassipes (lat. crassus – dick und lat. pes – Fuß).
Familie: Pontederiaceae – Pontederiengewächse
Eichhornia war als Sumpf- und Wasserpflanze zunächst nur in Gebieten des tropischen und subtropischen Amerikas zu Hause. Von da ist sie in andere Flüsse der Tropen verschleppt worden und hat sich dort ohne viel Konkurrenz vor allem durch vegetative Fortpflanzung stark verbreitet. Beispielsweise im oberen weißen Nil wurde sie zu einem so lästigen Wasserunkraut, daß die Schiffahrt fast lahmgelegt und eine großräumige Bekämpfung eingeleitet wurde.
Das ändert nichts an der Tatsache, daß die ährigen Blütenstände mit ihren zartblauen Blüten inmitten der kräftig entwickelten Blätter und Blattstiele einen erfreulichen Anblick vermitteln. Die schwimmende Pflanze hat violette dünne Würzelchen, die wie Federn aussehen und der Nährstoffaufnahme dienen. In warmen Sommern entwickelt sich Eichhornia auch bei uns in Teichen und Becken.
Blütezeit: ganzjährig

Iris barbata elatior-Hybride »Lugano« Weiße Iris

Iris ist der wissenschaftliche Name der Schwertlilien, die uns durch ihre schwertförmigen Blätter und ihre vielfältige Blütenpracht als Gartenpflanzen gut bekannt sind. Iris bedeutet griechisch Regenbogen. Es war in der Mythologie gleichzeitig der Name der Göttin, die Himmlisches und Irdisches verbunden hat. Die umfangreiche Gattung Iris ist in viele Untergruppen geteilt und durch eine unübersehbare Zahl von Züchtungen aufgespalten. Diese Pflanze ist eine Hybride der hohen Bart-Iris (lat. barba – Bart und lat. elatio – Erhebung). Sie gehört zu der Elatior-Gruppe wegen der Höhe der Blütenstiele (c. 60–70 cm). Die Blüten haben gewölbte Domblätter und Hängeblätter. An den Hängeblättern zieren je eine Bürste aus Haaren, der Bart, den Eingang der Blüte. Er weist den Insekten den Weg.
Familie: Iridaceae – Schwertliliengewächse
Früher hat man Formen solcher Schwertlilien als Iris germanica bezeichnet. Die Herkunft dieser Sammelart ist unbekannt. Sicher stammt sie aus der nördlich gemäßigten Zone und ist vermutlich ein Gartenflüchtling. In der Iris germanica – Züchtung haben vor allem die Nordamerikaner nach der Gründung der American Iris Society (1920) große Erfolge erzielt.
Die Hybride Lugano ist reich verzweigt und ca. 70 cm hoch. Die Blüten sind angenehm weiß und an der Basis der Blütenblätter sowie am Bart gelb. Die Pflanze kann remontieren, d.h. sie kann im Herbst zum zweiten Mal blühen. Da die Schönheit der Garten-Iris immer zu schnell endet, ist eine Nachblüte im Herbst auch ein Zuchtziel in der Irisforschung.
Blütezeit: Mai/Juni

Iris barbata elatior-Hybride »Raspberry Ribbon« Rotgefleckte Iris

Der Name Iris (lat. iris – Regenbogen) bringt auch den Farbenreichtum der Blüten dieser Gattung zum Ausdruck. Die aus der Iris germanica-Gruppe gezüchteten hohen Iris barbata besitzen am Blüteneingang eine Bürste aus Haaren (lat. barba – Bart), wodurch die Insekten zum Blüteninneren geleitet werden. Durch die Schwere ihres Körpers biegt sich das Hängeblatt etwas abwärts. Dadurch öffnet sich der Schlund der Blüte, und das Insekt kann bei der Nektarsuche die Bestäubung vollziehen.
Familie: Iridaceae – Schwertliliengewächse
Bei dieser amerikanischen Züchtung handelt es sich um eine besonders farbenfreudige und farbkontrastreiche Iris. Raspberry Ribbon heißt ja etwa soviel wie »das himbeerrote Ordensband«. Himbeerrot und Schneeweiß sind bei den aufrechten Domblättern und bei den Hängeblättern interessant aufeinander abgestimmt. Das Rot umsäumt alle Blütenblätter und verbindet sich in feinen Adern und Punkten mit dem leuchtenden Weiß, das in der Mitte der Hängeblätter zu vollem Glanz gelangt. Auch ein zartes Gelborange gesellt sich mit der Farbe des Bartes und der Saftmale hinzu. In einem Iris-Katalog wird diese Sorte als »Prinzessin im Galakleid« angepriesen.
Blütezeit: Mai/Juni

Iris barbata elatior-Hybride »Jane Phillips«   Hellblaue Iris

Bis um 1920 wurde die Mehrzahl der Garten-Iris als der Iris germanica-Gruppe zugehörig geführt. Als dann die amerikanische Iris-Gesellschaft gegründet wurde, begannen deren züchtende Mitglieder in einem immer größeren Umfang neue, schönere und größere Garten-Iris in den Handel zu bringen. Etwa ab 1930 wurden die Garten-Iris mit einer Haarleiste auf dem Hängeblatt (Bart) unter dem Namen barbata zusammengefaßt.
Familie: Iridaceae – Schwertliliengewächse
Diese reinhellblaue Iris wurde um 1945 in den USA gezüchtet. Sie hat anmutig gewellte Riesenblüten in herrlichem Aquamarinblau. Die Wölbungen der Hängeblätter sind wie mit einem feinen Pinsel durch kastanienbraune Aderungen markant hervorgehoben.
Blütezeit: Mai/Juni

Iris barbata elatior-Hybride »Red Torch« Fackel-Iris

Bei der Züchtung von Garten-Iris hat man sich vor allem zweier Gruppen von Stammformen bedient. Das reiche Farbenspiel ist ein Erbteil der europäischen Wildiris-Arten, die Großblumigkeit wurde durch die Kreuzung mit vorderasiatischen Arten eingebracht.
Familie: Iridaceae – Schwertliliengewächse
Auch diese Hybride ist um 1945 in den USA gezüchtet worden. Red Torch heißt übersetzt »Rote Fackel«. Die flammenartige Wirkung erhält die Blüte durch den Hell-Dunkel-Kontrast und die Aderung bei den Dom- und Hängeblättern. Aber trotz dieses Kontrastes besteht eine Farbharmonie zwischen dem oberen Goldbronzeton und dem unteren Samtrot. Bei genauem Hinsehen stellt man fest, daß durch die feinen Aderungen die beiden Farben gleitend ineinander übergehen.
Blütezeit: Mai/Juni.

Iris flavescens Gelbliche Schwertlilie

Die botanische Benennung ist einfach abzuleiten. Zu Iris (lat. iris – Regenbogen) gesellt sich der Artname flavescens, wodurch die licht hellgelbe Blütenfarbe beschrieben wird (lat. flavescere – goldgelb werden).
Familie: Iridaceae – Schwertliliengewächse
Nach neuerer wissenschaftlicher Erkenntnis handelt es sich hierbei gar nicht um eine echte Art, sondern die Pflanzen gehören zu einem Klon (d.h.es sind Nachkommen, die durch vegetative Fortpflanzung einer Irispflanze entstanden sind). Diese Feststellung wird durch die Tatsache gestützt, daß die Pflanzen auch bei künstlicher Bestäubung keine Samen bilden. Es handelt sich vermutlich um eine Hybride.
Wahrscheinlich stammt Iris flavescens aus Bosnien.
Die Pflanze hat vergleichsweise mit den Blättern deutlich lange Sprosse mit 3–4 Blüten. Die Blüten sind mittelgroß. Die Hängeblätter zeigen eine bräunliche Überfärbung, der Schlund ist dunkel geadert.
Diese Iris ist viel in Bauerngärten zu finden. Sie wächst gern an sonnigen Plätzen, stellt keine Ansprüche und ist unverwüstlich. Sie blüht überreich.
Blütezeit: Mitte bis Ende Mai.

Iris nazarena   Nazareth-Iris

Hier handelt es sich um eine Iris-Art, die in Galiläa (Israel) insbesondere in den Bergen von Nazareth beheimatet ist.
Familie: Iridaceae – Schwertliliengewächse.
Diese Schwertlilie wird bis 50 cm hoch. Von ihren Verwandten hebt sie sich dadurch ab, daß die kurzen Wurzelstöcke zahlreiche lange Ausläufer aussenden. Dadurch ist es nicht leicht, diese Pflanze zu kultivieren.
Die gelbgrünen Blätter haben eine gedrungene Spitze.
Die etwa 18 cm große Blüte fasziniert durch ihren Kontrast zwischen oben und unten. Die rundlichen Domblätter sind weiß, blau geadert und mit kleinen purpurnen Tupfen versehen.
Die Hängeblätter sind stark abgebogen und tragen auf gelbrotem Grund schokoladenbraune Flecken. Der zentrale Fleck, das sogenannte Auge, ist purpurn, fast schwarz.
Blütezeit: Zeitiges Frühjahr.

Iris kaempferi Kaempfers Schwertlilie, Japanische Garten-Iris

Diese Iris aus Ostasien wurde zu Ehren des deutschen Arztes und Botanikers Engelbert Kaempfer (1651–1716) benannt. Kaempfer bereiste Rußland und Asien. Die botanische Stammform dieser Iris ist kaum noch zu sehen, aber die daraus gezüchteten Formen haben seit jeher die Gärten Japans erobert.
Familie: Iridaceae – Schwertliliengewächse
Die Blätter sind schmal lanzettlich mit deutlicher Mittelrippe. Der unverzweigte Stengel trägt ein bis drei Blüten, die eine ausladend tellerartige Form haben und keinen Bart besitzen. Bei dieser Sorte sind die äußeren und inneren Blütenblätter ziemlich gleichgroß, so daß ein 6-zähliger Blütenbau vorgetäuscht wird. Das prächtige Rotviolett ist an der Basis der Blütenblätter und durch deren markante Aderung geschmackvoll vertieft. Statt des Bartes weisen goldgelbe Farbstrahlen den Insekten den Weg. Die Einzelblüte hält sich bis zu drei Tagen, und ihre Farbe verändert sich zwischen Auf- und Verblühen. Die Japaner nennen das »Bewegung«. Für sie ist dies »wie die ekstatische Darbietung einer großen Schauspielerin«.
Iris kaempferi ist in der Mandschurei, Korea und Japan beheimatet. Bei uns ist diese Iris nicht recht heimisch geworden. Sie braucht sehr nahrhaften und feuchten Boden. Man sollte sie, wie es die Japaner tun, in die Nähe des Wassers pflanzen. Denn die Spiegelung im Wasser unterstreicht ihre Schönheit und Grazie.
Blütezeit: Juni/Juli.

Iris kaempferi Kaempfers Schwertlilie, Japan-Iris

Namengebend für diese Iris war Engelbert Kaempfer (1651–1716), deutscher Arzt und Botaniker, dessen Nachlaß über seine Reisen nach Rußland und Asien im Britischen Museum aufbewahrt ist. Seit etwa 500 Jahren wird die Japaniris im Lande der aufgehenden Sonne kultiviert und seit 1840 gezüchtet.
Familie: Iridaceae – Schwertliliengewächse
Die 80–100 cm hohe Iris fällt zunächst durch die lanzettlichen Blätter mit der deutlichen Mittelrippe auf.
Die Blüte ist »demonstrativ aufgeschlagen« und präsentiert bei dieser Zuchtform die Blütenteile in wunderbaren Pastellfarben. Die großen äußeren Blütenblätter sind betont geadert, die inneren Domblätter und die Griffeläste streben wie ein Krönchen in der Mitte kurz nach oben und wirken in roten und bläulichen Farbtönen.
In ihren Heimatgebieten Ostasiens, insbesondere in Japan, erfreut sich diese Iris großer Beliebtheit. Die Pflanzen brauchen sonnigen Standort und nahrhaften feuchten Boden.
Bei uns sind diese Pflanzen mit ihren exotischen Blüten noch wenig bekannt. Daß sie erst im Sommer blühen, erhöht ihren Wert gegenüber anderen Schwertlilien.
Blütezeit: Juni/Juli.

Iris chamaeiris Zwerg-Schwertlilie

Diese Zwerg-Iris erreicht in ihren verschiedenen Unterformen Wuchshöhen zwischen 16 und 22 cm. Die Artbezeichnung betrifft auch die Wuchsform und ist aus dem Griechischen abgeleitet: chamai – am Boden, an der Erde.
Familie: Iridaceae – Schwertliliengewächse
Das Heimatvorkommen liegt in Spanien, Südfrankreich, Nordwestitalien und Schweiz. Sehr früh wurde diese Zwerg-Iris im Rhônetal bei Sion kultiviert. Nach der Stadt Olbia, nahe Hyéres (Südfrankreich), genannt trug die Pflanze früher den Namen Iris olbiensis. Da es in der Nähe von Odessa (Schwarzmeerküste) auch eine Stadt Olbia gibt, wurde diese Zwerg-Iris fälschlicherweise als Krim-Iris angeboten.
Wegen ihrer frühen reichen Blüte, ihrer Wuchsfreudigkeit und Winterhärte gehört diese Pflanze zu den dankbarsten Zwergschwertlilien. Die Blütenfarbe ist vielfältig; sie schwankt zwischen Rotpurpur, Purpurblau, Mittel- und Fahlgelb und sogar Weiß. Der Bart steht im Kontrast zu der Farbe der etwas nach innen gerollten Hängeblätter.
Als gute sonnige Pflanzplätze eignen sich Steingärten.
Blütezeit: Anfang Mai

Iris barbata nana-Hybride »Sparkling Eyes« Zwerg-Iris

Für die Zuchtformen von Zwergiris hat man den früheren Namen Iris pumila (lat. pumilio - Zwerg) fallengelassen und diese in die Barbata-Gruppe mit dem Zusatz nana eingeordnet (lat. barba — Bart, lat. nanus - klein). Der Bart ist ein aus Haaren gebildeter Streifen in der unteren Mitte der Hängeblätter, auf dem die besuchenden Insekten den Weg zum Blüteninneren finden.
Familie: Iridaceae - Schwertliliengewächse
Die Stammpflanzen von Iris pumila waren in den Gebieten vom Wiener Wald, über den Balkan bis Südrußland verbreitet.
Bei der Zuchtform »Sparkling Eyes«, d.h. funkelnde Augen, handelt es sich um eine der ältesten amerikanischen Zwerg-Iriszüchtungen seit Gründung der American Iris Society 1920.
Die Pflanzen werden höchstens 25 cm hoch.
Zwischen den kurzen, etwas plumpen Blättern erhebt sich ein verhältnismäßig kurzer Stengel, der als solcher kaum in Erscheinung tritt. Er trägt die sehr farbkontrastreiche formschöne Blüte. Die Hängeblätter sind angehoben und ragen schwebend nach außen. Bei ihnen ist das Purpurviolett fein säuberlich von einem weißen Band begrenzt. Das Weiß der Domblätter wird durch eine zarte Aderung belebt.
Blütezeit: April/Mai.

Acidanthera bicolor var. murielae Acidanthere Abessinische Gladiole

Die vor etwa 70 Jahren aus Abessinien eingeführte Acidanthere gleicht einer Gladiole; aber die Blütenkrone bildet eine lange Röhre und die vorderen Blütenteile sind stärker gespreizt. Der Gattungsname bezieht sich auf die Form der Staubbeutel (gr. akis – Spitze und gr. anthera – Staubbeutel), der Artname auf die Zweifarbigkeit der Blütenblätter (lat. bi – zwei und lat. color – Farbe).
Familie: Iridaceae – Schwertliliengewächse
Zwischen den schmalen schwertförmigen Blättern erhebt sich 40–60 cm hoch der Stengel. Er trägt in lockerer Ähre wenige Blüten. Diese sind schneeweiß und innen kastanienrot mit Violett gefleckt.
Die Pflanze gedeiht bei uns gut und ist ein schöner Spätsommer- und Herbstblüher. Sie braucht einen sonnigen oder leicht halbschattigen Standort. Da die Knollen nicht frosthart sind, muß man sie geschützt überwintern. Die Knollen können jedes Jahr wieder verwendet werden. Am besten ist es, wenn man sie im März vorkeimen läßt und im Mai/Juni ins Freie pflanzt. Es gibt 25 Acidanthera-Arten im tropischen und südlichen Afrika.
Blütezeit: Juli/August.

Billbergia nutans Nickende Billbergie, Zimmerhafer

Namensgebend für die Gattung war der schwedische Botaniker Gustav Johannes Billberg (1772–1844). Wegen der länglichen grasartigen Blätter hat sich bei uns der nichtssagende Name Zimmerhafer eingebürgert. Die blühende Ähre hängt im Bogen nach abwärts; daher die Bezeichnung Nickende Billbergie (lat. nutare – nicken).
Familie: Bromeliaceae – Ananasgewächse
In ihrer Heimat Brasilien lebt diese stammlose Pflanze epiphytisch (baumbewohnend). Bei uns ist sie zu einer häufigen und fast unverwüstlichen Zimmerpflanze geworden. Sie bildet auch immer wieder neue Triebe, die schnell den Blumentopf ausfüllen.
Die Blätter stehen dichtgedrängt und sind am Rande mit kleinen Stacheln besetzt. Für den Pflanzenfreund ist es ein besonderes Erlebnis, wenn zwischen den etwas nüchternen Blättern ganz allmählich die Blütenähre erscheint. Farbenfreudig rot sind die lanzettlichen Hochblätter, die schon am Ährenstiel beginnen. Jede Einzelblüte setzt sich aus rosa, an den Spitzen blauen Kelchblättern und grünen, blauberandeten Kronblättern zusammen. Dann folgen Staubblätter und Stempel.
Blütezeit: Winter/Frühjahr.

Aechmea angustifolia Lanzenrosette

Aechmea leitet sich von dem griechischen Wort aichme – Lanzenspitze ab; denn die hellrosafarbenen oder roten Hochblätter enden in einer spitzen Granne. Auch die Laubblätter sind stachlig gesägt und stehen in einer sternförmigen Rosette zusammen. Der Artname angustifolia weist auf die gegenüber anderen Aechmeen schmäleren Laubblätter hin (lat. angustus – schmal und lat. folium – Blatt).
Familie: Bromeliaceae – Ananasgewächse
Die Lanzenrosette zeigt typische Merkmale der Ananasgewächse. Als Epiphyt benutzt sie die Wurzel weniger zur Wasseraufnahme als zur Festigung. Die wenigen kräftigen Blätter schließen sich in der Rosette zu einer Zisterne. Hier haben die Blätter sehr kleine Schuppenhaare, die das Regen- oder Gießwasser und die Nährstoffe aufsaugen.
Diese Aechmea ist in freier Natur in den Urwäldern Boliviens, Perus und Costa Ricas zu finden. Man kennt sie auch als Zimmerpflanze, wird allerdings bei uns meist durch andere Aechmea-Arten vertreten. Ihre Kultur ist leicht.
Diese exotische Pflanze wirkt sehr dekorativ, umsomehr, wenn sich aus der Mitte der kolbenartige Blütenstand wie ein Ornament erhebt. Der Blütenstand mit den roten Hochblättern hält sich monatelang. Aus den bestäubten Blüten entwickeln sich kurze fleischige Früchte, die an der Spitze noch die Kelchblätter tragen.
Blütezeit: Frühjahr bis Herbst.

Tillandsia lindeniana Tillandsie

Diese Gattung wurde nach dem schwedischen Botaniker Elias Tillands (1640–1693) benannt. Der frühere Artname cyanea (von gr. kyaneos – dunkelblau, kornblumenblau) verriet die Farbe der Blüten. Die neue Artbezeichnung lindeniana (auch lindenii) ist abgeleitet von dem Namen der holländischen Firma Linden.
Die über 400 Arten umfassende Gattung ist von Südamerika bis in die südlichen Staaten der USA verbreitet.
Familie: Bromeliaceae – Ananasgewächse
Diese Tillandsia stammt aus Ecuador, wo sie in den Urwäldern epiphytisch lebt. Eine große Zahl (30–60) linealischer, gebogener Blätter drängt sich in einer lockeren Rosette zusammen. Unter günstigen Bedingungen (hell, warm, mäßig gießen, aber hohe Luftfeuchtigkeit) entwickelt sich aus der Rosettenmitte an einem Schaft eine federartige zweischneidige Ähre aus dunkelrosa bis malvenfarbigen Hochblättern. Aus ihnen entfalten sich große enzianblaue trichterförmige Blüten.
Blütezeit: Sommer.

Vriesea imperialis Kaiserliche Vriesea

Diese sehr stattliche Art unter den Vrieseen mit 150 cm langen Blättern und großer Blütenrispe hat mit Recht den Artnamen die Kaiserliche erhalten (von lat. imperium – Kaiserreich). Der Name dieser über 100 Arten umfassenden Gattung wurde zu Ehren des Botanikers W. H. de Vriese (1807–1862), Professor in Amsterdam, gebildet.
Familie: Bromeliaceae – Ananasgewächse
Die natürliche Verbreitung dieser Art erstreckt sich auf die Urwälder Brasiliens. Diese große Pflanze kann bei uns nur in Warmhäusern gehalten werden, wo sie Platz zur Entfaltung hat. Die Blätter sind rosettenartig angeordnet und grün. Es gibt aber andere Vriesea-Arten mit dekorativ gebänderten Blättern. Interessant und eindrucksvoll wirkt bei dieser Art der rispig verzweigte Blütenstand. Die Blütenzweige sind zopfartig winklig und können bis zu 50 Blüten tragen. Zu dem Grün der Stengel und dem Rot der schuppenartigen Deckblätter gesellt sich das Gelblich-Weiß der großen Blüten.
Blütezeit: Sommer/Herbst.

Guzmania monostachya Dreifarbige Guzmanie

Mit dem Namen wird ein spanischer Apotheker und Sammler naturhistorischer Gegenstände A. Guzman gewürdigt. Vom bisherigen Artnamen tricolor ist die deutsche Bezeichnung »dreifarbig« erhalten geblieben, wobei die Farbkombinationen bei der Blüte gemeint sind. Der Blütenstand ist einährig; daher der wissenschaftliche Name monostachya (gr. monos – ein und gr. stachys – Ähre).
Familie: Bromeliaceae – Ananasgewächse
Man findet diese Pflanze epiphytisch in den Urwäldern Mittel- und Südamerikas und der Westindischen Inseln.
Die Blätter sind in dichter Rosette als Zisterne angeordnet und gelbgrün. Der Blütenschaft mit der länglich-kolbigen Blütenähre schiebt sich über die Blätter hinaus. Die Blättchen am Blütenschaft gehen in die Deckblätter der Ähre über. Die unteren sind grün-braun, die oberen leuchtend zinnoberrot. Das Farbenspiel wird durch die weißen Blüten fortgeführt.
Die Guzmanie gedeiht am besten im Halbschatten, bei gleichmäßiger Wärme im Sommer und nicht zu starker Abkühlung im Winter (nicht unter 16° C).
Blütezeit: November bis Januar.

Musa uranoscopos Zierbanane

Der botanische Name für die Banane bezieht sich auf Antonius Musa, den Leibarzt des römischen Kaisers Augustus, (63–14 v. Chr.). Da bei dieser Zierbananenart die Blütentraube im Gegensatz zu den Obstbananen aufrecht steht, führt sie den Artnamen uranoscopos, was lateinisch soviel wie »Himmelsschauer« bedeutet.
Familie: Musaceae – Bananengewächse
Musa uranoscopos gehört zu den Arten mit niedrigem Wuchs.
Die dreikantige Frucht ist nicht eßbar. Diese Pflanze hat wie alle Bananen nur einen Scheinstamm, d.h. die langen und breiten Blattscheiden liegen eng aneinander und umfassen sich gegenseitig, so daß ein Stamm vorgetäuscht wird. Dieser erreicht hier nur 6–8 cm Dicke und 150 cm Höhe. Die dekorativen großen Bananenblätter haben eine kräftige Mittelrippe, von denen regelmäßige Seitennerven ausgehen.
Im Herzen der Pflanze erscheint der Blütenstand mit scharlachroten, an der Spitze gelben Deckblättern. Dahinter verbergen sich die zwittrigen Blüten. Nach der Frucht- und Samenreife stirbt die Achse ab und wird durch einen neuen Trieb ersetzt.
Man findet die Pflanze wildwachsend in Südchina und Vietnam, sonst in tropischen Gebieten als Zierpflanze.
Blüte- und Fruchtzeit: ganzjährig.

Disa uniflora Einblumige Disa

Die Gattung wurde 1767 von dem schwedischen Botaniker Bergius aufgestellt und nach einem südafrikanischen Ort oder nach dives (lat. reich) wegen der Schönheit der Blüte benannt. Der Blütenstand kann 1–4-blütig sein, so daß der Artname uniflora (– einblütig) nichts Charakteristisches aussagt.
Familie: Orchidaceae – Orchideengewächse
Es ist die bekannteste und schönste Orchidee Südafrikas. Sie ist in Kapland beheimatet und kommt als Erdbewohner auf nassen Felsen, an moorigen Stellen und entlang von Bachufern vor. Man nennt sie auch den »Stolz des Tafelberges«.
Aus den rosettenähnlich angeordneten Blättern erhebt sich ein Stengel bis 70 cm hoch. Die seitlichen Blütenhüllblätter fallen durch ihre gelborange bis scharlachrote Farbe auf, der kurzgespornte Helm ist innen rot geadert, die Lippe ist nur klein und zungenförmig. Die Bestäubung erfolgt durch einen Tagschmetterling. Diese Orchidee kann im Kalthaus an feuchten kühlen und schattigen Stellen kultiviert werden. Sie ist als Schnittblume geeignet.
Die Verbreitung der nahezu 200 Disa-Arten ist auf Südafrika, das tropische Afrika und Madagaskar beschränkt. Unter ihnen finden sich Arten mit dem sonst bei Orchideen seltenen reinen Blau.
Blütezeit: Juni bis August.

Dendrobium thyrsiflorum   Straußförmiges Dendrobium

Der schwedische Botaniker Swartz hat 1799 die Gattung aufgestellt und hat die Pflanzen wegen ihrer epiphytischen Lebensweise auf Bäumen Dendrobium genannt (gr. dendron – Baum und gr. bios – Leben). Mit dem Artnamen werden die langen hängenden Blütentrauben, die wie ein Strauß wirken, berücksichtigt (lat. thyrsus – Strauß und lat. flos – Blüte).
Familie: Orchidaceae – Orchideengewächse
Ihre natürliche Verbreitung hat diese Art in etwa 1300 m Höhe des östlichen Himalaya und in den Gebirgen Burmas. An der Spitze der zylindrisch-schlanken Kurztriebe (botanisch: Pseudobulben) sitzen elliptische Blätter, die ledrig und mehrjährig sind. An den Knoten entwickeln sich die dichten vielblütigen Trauben in 10–20 cm Länge. Die Blütenhüllblätter sind gelb bis orangegelb, die Lippe ist deutlich dunkler und am Rande bewimpert. Die Blüten können farblich variieren. Die ganze Pflanze wird 40–100 cm hoch.
Blütezeit: März bis Juni.

Dendrobium bellatulum Niedliches Dendrobium

Orchideen der Gattung Dendrobium sind epiphytische Baumbewohner (gr. dendron – Baum und gr. bios – Leben). Ihre ca. 1000 Arten sind vom Himalaya bis Samoa-Tonga und von Japan bis Neuseeland verbreitet. Mit bellatulum (lat. – recht nett, niedlich) wird die gedrungene Erscheinung dieser Pflanze beschrieben.
Familie: Orchidaceae – Orchideengewächse
Verbreitungsgebiete dieses Dendrobiums sind Himalaya, Thailand, Vietnam und Südchina.
Die kräftigen Stengelkurztriebe (botanisch: Pseudobulben) sind büschelig gehäuft und zeigen eine länglich-elliptische Form.
Die Blätter haben kurze Scheiden. Im Gegensatz zu den meisten Dendrobium-Arten stehen die Blüten einzeln an den oberen Stengelgliedern. Die Blüte wirkt sehr kontrastreich durch das Weiß der Blütenhüllblätter und das tiefe Purpur an der Spitze der großen röhrenartigen gelborangen Lippe. Die Blüten duften und bleiben sehr lange frisch.
Blütezeit: Frühjahr.

Promenaea xanthina (früher P. citrina) Promenaea

Diese Orchideen-Gattung wurde nach dem griechischen Frauennamen Promenea benannt. Zu der Gattung gehören nur 6 Arten. Das intensive Gelb ihrer Blüten kam sowohl durch den alten als auch durch den neuen Artnamen zum Ausdruck (lat. citrinus – zitronengelb; gr. xanthos – gelb).
Familie: Orchidaceae – Orchideengewächse
Diese reizende kleine Orchidee stammt aus Brasilien, insbesondere von den Bergen bei Rio de Janeiro in 1600–1700 m Höhe.
Es ist eine baumbewohnende Orchidee, die sich auch für Schausammlungen eignet. Aus den kurzen Sprossen entwikkeln sich etwas überhängende Blütenstengel mit 1–2 Blüten. Die zitronengelben Blüten haben eine Lippe mit rotpunktierten Seitenlappen. Die Blätter sind graugrün und 7–10 cm groß.
Blütezeit: Juli bis September.

Cymbidium-Hybride   Cymbidie, Kahnorchis

Dem Namen liegt ein botanisches Merkmal des komplizierten Blütenbaus der Orchideen zugrunde. Das Säulchen, der Träger der Blütenstaubsäckchen, hat kahnförmige Gestalt (gr.kymbos – Höhlung, Kahn und gr. eidos – Aussehen). Die 1799 von dem schwedischen Botaniker Swartz aufgestellte Gattung umfaßt zwar nur 70 Arten, aber Tausende von Zuchthybriden.
Familie: Orchidaceae – Orchideengewächse
Die baum- und seltener erdbewohnenden Arten sind in den Tropen und Subtropen von Madagaskar über Indien, China, Japan bis Australien verbreitet. Sie kommen bis 2000 m Höhe vor.
Diese Hybride hat riemenförmige lederartige Blätter, die an den sehr kurzen Sprossen sitzen. Der 3–7 blumige Blütenschaft steht aufrecht und birgt herrliche weißlich-gelbe Blüten mit purpurbraun gefleckter Lippe.
Die Blüten der Hybriden sind besonders haltbar und als Schnittblumen bestens geeignet.
Blütezeit: ganzjährig.

Renanthera-Hybride Renanthera

Der in Hinterindien tätig gewesene portugiesische Missionar und Botaniker João de Loureiro (1715–1790) benannte diese Gattung nach der Form der Staubbeutel. Diese sind nierenförmig (lat. renes – Nieren und gr. antheros – Staubbeutel). Es liegen von den 12 beschriebenen Arten viele Hybriden vor. Diese Orchideen eignen sich für Schnittblumenzucht in Massenkulturen.
Familie: Orchidaceae – Orchideengewächse
Die Renanthera-Arten werden auch Feuerorchideen genannt, weil sie üppig rot und gelbrot blühen. In ihrer Heimat von Hinterindien, den Philippinen bis zu den Molukken leben sie auf Bäumen und wachsen monopodial (in einem Sproß) teilweise bis 5 m Länge. Der Sproß ist mehrere Jahre ausdauernd und bildet an verschiedenen Stellen kräftige Wurzeln. So klettert die Pflanze von Zweig zu Zweig.
Die Blütenhüllblätter sind zungenförmig und abstehend, die Lippe ist dreilappig und hat einen sackartigen Sporn.
Blütezeit: Frühjahr bis Herbst.

Cattleya-Hybride »Orange«   Cattleya

Der englische Botaniker Lindley begründete die Gattung Cattleya 1821 und ehrte mit ihrem Namen den Orchideenfreund und Kenner William Cattley (gest. 1832). Bei ihm blühte diese Orchideengattung erstmals in Kultur in Europa. Die Gattung umfaßt 45 Arten königlicher Orchideen. Sie hat durch Hybridisation noch bedeutende Steigerung erfahren.

Familie: Orchidaceae – Orchideengewächse

Alle Arten leben epiphytisch auf Bäumen und stammen aus Süd- und Mittelamerika (von Brasilien bis Mexiko). Die Pflanzen sind mit kräftigen Rhizomen verankert. Sie tragen an der Spitze der zylindrischen Kurztriebe (botanisch: Pseudobulben) 1–3 dickledrige Blätter. An der Spitze bricht der Blütenstand heraus mit großen schöngefärbten und angenehm duftenden Blüten. Ein besonderes botanisches Merkmal ist, daß sie 4 (nicht wie sonst 2) Blütenstaubsäckchen (Pollinien) besitzen.

Die Cattleyen haben sich an zwei Jahreszeitperioden angepaßt: 5–8 Monate Regenzeit, danach Trockenperiode. In der Kultur muß man diesen Rhythmus berücksichtigen.

Cattleya-Hybride liefern haltbare Schnittblumen.

Blütezeit: Oktober bis Januar.

Laeliocattleya »Britannia alba« Laeliocattleya

Diese Orchidee ist eine Hybride zwischen der Gattung Laelia und der Gattung Cattleya. Für die Benennung der Gattung Laelia durch den englischen Botaniker J. Lindley 1831 gibt es drei Deutungsmöglichkeiten: Er nannte sie nach der altrömischen Patrizierfamilie Laelius oder nach dem Heerführer und Konsul Gaius Laelius oder aber nach der Priesterin Laelia vom Vesta-Tempel. Die Gattung Cattleya wurde 1821 auch von Lindley nach dem englischen Gärtner und Botaniker William Cattley (gest. 1832) bezeichnet.
Familie: Orchidaceae – Orchideengewächse
Laeliocattleya ist eine Kreuzung von Laelia purpurata mit Cattleya gutata var. leopoldi.
Die einzelstehenden Blätter sind dickledrig und zungenförmig. Die Blüten sind sehr groß, teilweise bis 16 cm breit. Die seitlichen Blütenblätter sind länglich spitz; die Lippe hat eine wunderbare Form und prächtige pastellfarbene Tönung.
Arten von Laelia und Cattleya kommen im tropischen Amerika von Mexiko bis Brasilien vor.
Diese Hybrid-Orchidee gilt als die »Königin des Südens«.
Blütezeit: Mai/Juni.